De råd och strategier som finns i den kanske i
för alla situationer. Detta verk säljs under föru
varken författaren eller förläggarna hålls ansva
resultat som följer av råden i denna bok; detta a........ a. avsett
att utbilda läsare om Bitcoin och är inte avsett att ge
investeringsråd. Alla bilder är författarens ursprungliga
egendom, upphovsrättsfria enligt bildkällor, eller används med
tillstånd från upphovsrättsinnehavare.

audepublishing.com

Första häftade utgåvan september 2021.

Skriv ut ISBN-9798486794483

Införandet

Bitcoin: Besvarat är ett försök att reda ut det fragmenterade nätet av information kring Bitcoin som tas emot av allmänheten. Oavsett personliga attityder till kryptovalutor och Bitcoin (varav de flesta, för de som inte studerats, antingen är överdrivet optimistiska eller alltför cyniska), växer kryptovalutans räckvidd i en sådan takt och installeras i det finansiella ekosystemet i en sådan takt att det är mycket mer skadligt att inte förstå Bitcoins grundläggande historia, koncept och genomförbarhet än att inte göra det. Du kommer förhoppningsvis att tycka att denna information är ganska fascinerande; Bitcoin var det första av ett helt nytt sätt att tänka på pengar och transaktionsvärde. I slutet kommer du att förstå omfattningen av Bitcoin, digitala valutor och blockchain; Många av dessa system, som bör noteras, är jämförbara endast i den lösaste bemärkelsen, och de potentiella och tillämpliga användningsområdena för sådan teknik är ganska häpnadsväckande, särskilt med tanke på att ekosystemet för fiatvaluta har förändrats lite sedan valutorna togs bort från guldmyntfoten för ett halvt sekel sedan. Att tänka på alla kryptovalutor som Bitcoin och Bitcoin som en marginell bubbla är helt enkelt fel; Ja, Bitcoin är långt ifrån perfekt, men det finns så mycket mer i det som i huvudsak är digitalisering och decentralisering av värde. Den här boken tar itu med alla dessa begrepp och mer genom ett enkelt, frågebaserat format, som börjar med "vad är Bitcoin?" Känn dig fri att skumma enligt din kunskap, eller att läsa från pärm till pärm; Hur som helst är min förhoppning och mitt teams förhoppning att du lämnar den här boken med en förståelse för Bitcoin ur en sentimentmässig, teknisk, historisk och konceptuell synvinkel, samt tillsammans med ett fortsatt intresse och önskan att lära dig mer. Ytterligare resurser finns längst bak i boken.

Nu, framåt, går vi vidare, i den ädla strävan efter kunskap.

Njut av boken.

Vad är Bitcoin?

Bitcoin är många saker: ett globalt datornätverk med öppen källkod, en samling protokoll, ett digitalt guld, framkanten av en ny hink med teknik, en kryptovaluta. I det fysiska; Bitcoin är 13 000 datorer som kör olika protokoll och algoritmer. I konceptet är Bitcoin ett globalt sätt att genomföra enkla och säkra transaktioner; en demokratiserande kraft och ett medel för både transparent och anonym finansiering. I bryggan mellan fysiskt och konceptuellt är Bitcoin en kryptovaluta; Ett medel och ett värdeförråd som existerar enbart online, utan någon fysisk form. Allt detta är dock som att ställa frågan "vad är pengar?" och svara "papperslappar". En som inte är bekant med Bitcoin och som läser ovanstående stycke kommer nästan säkert att få fler frågor än svar; av denna anledning är frågan om "vad är Bitcoin?" i huvudsak frågan i denna bok, och genom en analys av varje del kan du förhoppningsvis komma fram till en förståelse av helheten.

Vem startade Bitcoin?

Satoshi Nakamoto är individen, eller möjligen gruppen av individer, som skapade Bitcoin. Inte mycket är känt om denna mystiska figur, och hans anonymitet har gett upphov till otaliga konspirationsteorier. Även om Nakamoto har listat sig själv som en 45-årig man från Japan på en officiell webbplats för peer-to-peer-stiftelser, använder han brittiska idiom i sina e-postmeddelanden. Dessutom stämmer tidsstämplarna för hans arbete bättre överens med någon som är baserad i USA eller Storbritannien. De flesta tror att hans försvinnande var planerat (många har kopplat hans arbete till bibliska referenser) och andra tror att en statlig organisation, som CIA, var kopplad till hans försvinnande. Detta är inget annat än perifera teorier; Vad som dock kvarstår är att skaparen av Bitcoin för närvarande har en förmögenhet värd mer än 70 miljarder dollar (motsvarande 1,1 miljoner Bitcoins) och om Bitcoin går upp ytterligare några hundra procent kommer denna anonyma miljardär, kryptovalutans fader, att bli den rikaste personen i världen.

Bitcoin Genesis Block

Raw Hex Version

```
00000000  01 00 00 00 00 00 00 00  00 00 00 00 00 00 00 00  ................
00000010  00 00 00 00 00 00 00 00  00 00 00 00 00 00 00 00  ................
00000020  00 00 00 00 3B A3 ED FD  7A 7B 12 B2 7A C7 2C 3E  ....;£íýz{.²zÇ,>
00000030  67 76 8F 61 7F C8 1B C3  88 8A 51 32 3A 9F B8 AA  gv.a.È.Ã^ŠQ2:Ÿ.ª
00000040  4B 1E 5E 4A 29 AB 5F 49  FF FF 00 1D 1D AC 2B 7C  K.^J)«_Iÿÿ...¬+|
00000050  01 01 00 00 00 01 00 00  00 00 00 00 00 00 00 00  ................
00000060  00 00 00 00 00 00 00 00  00 00 00 00 00 00 00 00  ................
00000070  00 00 00 00 00 00 FF FF  FF FF 4D 04 FF FF 00 1D  ......ÿÿÿÿM.ÿÿ..
00000080  01 04 45 54 68 65 20 54  69 6D 65 73 20 30 33 2F  ..EThe Times 03/
00000090  4A 61 6E 2F 32 30 30 39  20 43 68 61 6E 63 65 6C  Jan/2009 Chancel
000000A0  6C 6F 72 20 6F 6E 20 62  72 69 6E 6B 20 6F 66 20  lor on brink of
000000B0  73 65 63 6F 6E 64 20 62  61 69 6C 6F 75 74 20 66  second bailout f
000000C0  6F 72 20 62 61 6E 6B 73  FF FF FF FF 01 00 F2 05  or banksÿÿÿÿ..ò.
000000D0  2A 01 00 00 00 43 41 04  67 8A FD B0 FE 55 48 27  *....CA.gŠý°þUH'
000000E0  19 67 F1 A6 71 30 B7 10  5C D6 A8 28 E0 39 09 A6  .gñ¦q0·.\Ö¨(à9.¦
000000F0  79 62 E0 EA 1F 61 DE B6  49 F6 BC 3F 4C EF 38 C4  ybàê.aÞ¶Iö¼?Lï8Ä
00000100  F3 55 04 E5 1E C1 12 DE  5C 38 4D F7 BA 0B BD 57  óU.å.Á.Þ\8M÷º.½W
00000110  8A 4C 70 2B 6B F1 1D 5F  AC 00 00 00 00           ŠLp+kñ._¬....
```

[1]

Ovanstående bild representerar uppkomsten (som betyder "första") blocket av Bitcoin. Grundaren (grundarna) av Bitcoin, Satoshi Nakamoto, matade in ett meddelande i koden som lyder som följer: "The Times 03/Jan/2009 Chancellor on brink of second bailout for banks."

---

[1] MikeG001 / CC BY-SA 4.0

Vem äger Bitcoin?

Tanken att Bitcoin är "ägd" är korrekt endast i den mest distribuerade bemärkelsen. Cirka 20 miljoner människor äger kollektivt alla Bitcoin i världen, men Bitcoin i sig, som ett nätverk, kan inte ägas.[2]

---

[2] Tekniskt sett har 20,5 miljoner människor runt om i världen minst 1 dollar i Bitcoin.

Vad är Bitcoins historia?

Detta är en kort historia om kryptovaluta, blockchain och Bitcoin.

- År 1991 konceptualiserades för första gången en kryptografiskt säkrad kedja av block.

- Nästan ett decennium senare, år 2000, publicerade Stegan Knost sin teori om kryptografisäkrade kedjor, samt idéer för praktisk implementering.

- 8 år efter det släppte Satoshi Nakamoto en vitbok (en vitbok är en grundlig rapport och guide) som etablerade en modell för en blockkedja, och 2009 implementerade Nakamoto den första blockkedjan, som användes som den offentliga huvudboken för transaktioner gjorda med den kryptovaluta han utvecklade, kallad Bitcoin.

- Slutligen, under 2014, utvecklades användningsfall (användningsfall är specifika situationer där en produkt eller tjänst potentiellt skulle kunna användas) för blockchain och blockchain-nätverk utanför kryptovaluta, vilket öppnade upp Bitcoins möjligheter för den bredare världen.

Hur många Bitcoins finns det?

Bitcoin har en maximal tillgång på 21 miljoner mynt. Från och med 2021 finns det 18,7 miljoner Bitcoins i omlopp, vilket innebär att det bara finns 2,3 miljoner kvar att sätta i omlopp. Av det antalet läggs 900 nya Bitcoin till i det cirkulerande utbudet varje dag genom gruvbelöningar.[3] Gruvbelöningar är de belöningar som ges till datorer som löser komplexa ekvationer för att bearbeta och verifiera Bitcoin-transaktioner. De som kör dessa datorer kallas "gruvarbetare". Vem som helst kan starta Bitcoin-gruvdrift; även en vanlig dator kan bli en nod, som är en dator i nätverket, och börja bryta.

---

[3] "Hur många Bitcoins finns det? Hur många kvar att bryta? (2021)."
https://www.buybitcoinworldwide.com/how-many-bitcoins-are-there/.

Hur fungerar Bitcoin?

Bitcoin, och praktiskt taget alla kryptovalutor, fungerar genom Blockchain-teknik.

Blockchain, i sin mest grundläggande form, kan ses som att lagra data i bokstavliga kedjor av block. Låt oss gå igenom exakt hur block och kedjor spelar in.

- Varje block kommer att lagra digital information, såsom tid, datum, belopp etc. för transaktioner.
- Blocket kommer att veta vilka parter som deltog i en transaktion genom att använda din "digitala nyckel", som är en sträng med siffror och bokstäver som du får när du öppnar en plånbok, som innehåller din krypto.
- Block kan dock inte fungera på egen hand. Block behöver verifieras från andra datorer, även kallade "noder" i nätverket.
- De andra noderna validerar informationen i ett block. När de har validerat data, och om allt ser bra ut, kommer blocket och de data som det innehåller att lagras i den offentliga huvudboken.
- Den offentliga reskontran är en databas som registrerar varje enskild godkänd transaktion som någonsin gjorts i nätverket.

De flesta kryptovalutor, inklusive Bitcoin, har sin egen offentliga reskontra.

- Varje block i huvudboken är länkat till blocket som kom före det och blocket som kom efter det. Därför skapar länkarna som blocken bildar ett kedjeliknande mönster. Därför bildas en blockkedja.

Sammanfattning: **Blocket** representerar digital information och **kedjan** representerar hur dessa data lagras i databasen.

Så, för att sammanfatta vår tidigare definition, är blockchain en ny typ av databas. Nedan visas en visualiserad uppdelning av varje block i nätverket.

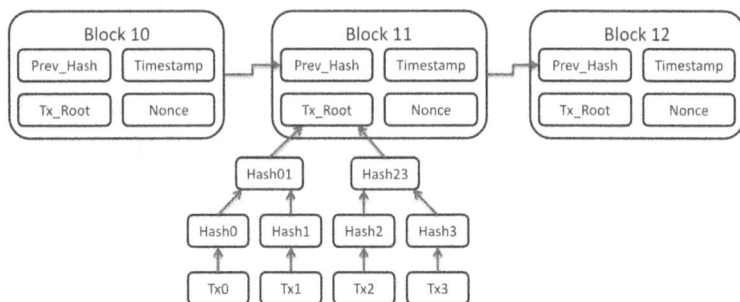

4

---

[4] Matthäus Wander / CC BY-SA 3.0

Vad är Bitcoin-adresser?

En adress, även känd som en offentlig nyckel, är en unik samling siffror och bokstäver som fungerar som en identifieringskod, jämförbar med ett bankkontonummer eller en e-postadress (till exempel: 1BvBESEystWetqTFn3Au6u4FGg7xJaAQN5). Med den kan du utföra transaktioner på blockkedjan. Adresser ansluter till en basblockkedja; till exempel ligger en Bitcoin-adress på Bitcoin-nätverket och blockkedjan. Adresser har runda, färgglada "logotyper" som kallas adressidentikoner (eller helt enkelt "ikoner"). Med dessa ikoner kan du snabbt se om du anger rätt adress eller inte. Varje gång du skickar eller tar emot kryptovaluta kommer du att använda en tillhörande adress. Adresser kan dock inte lagra tillgångar. De fungerar bara som identifierare som pekar mot plånböcker.

Bitcoin Address

SHARE

1DpQP4yKSGWXWrXNkm1YNYBTqEweuQcyYg

Private Key

SECRET

L4NhQX1DFJpFAJJYAHKkpukerqxtjF1XhvR5J2PQcnDparA2vD9M

5

Vad är en Bitcoin-nod?

En nod är en dator som är ansluten till en blockkedjas nätverk, som hjälper blockkedjan att skriva och validera block. Vissa noder laddar ner en hel historik över sin blockkedja; Dessa kallas masternoder och utför fler uppgifter än vanliga noder. Dessutom är noder inte på något sätt knutna till ett specifikt nätverk; Noder kan byta till olika blockkedjor praktiskt taget efter behag, vilket är fallet med multipool mining. Sammantaget möjliggörs hela den distribuerade karaktären hos Bitcoin och kryptovalutor, såväl som många av de underliggande blockkedjorna och säkerhetsfunktionerna, av konceptet och användningen av ett globalt, nodbaserat system.

Vad är stöd och motstånd för Bitcoin?

Här fördjupar vi oss i teknisk analys och handel med Bitcoin: support är priset på ett mynt eller en token där det är mindre sannolikt att tillgången faller igenom eftersom många människor är villiga att köpa tillgången till det priset. Ofta, om ett mynt når stödnivåer, kommer det att vända till en uppåtgående trend. Detta är vanligtvis en bra tid att köpa myntet, men om priset faller under stödnivån kommer myntet sannolikt att falla ytterligare ner till en annan stödnivå. Motstånd, å andra sidan, är ett pris som en tillgång har svårt att bryta igenom eftersom många tycker att det är ett bra pris att sälja till. Ibland kan motståndsnivåerna vara fysiologiska. Till exempel kan Bitcoin stöta motstånd vid 50 000 dollar, eftersom många tänkte "när bitcoin når 50 000 dollar kommer jag att sälja". Ofta, när en motståndsnivå bryts igenom, kan priset snabbt stiga. Till exempel, om bitcoin bröt över 50 000 dollar, kan priset snabbt klättra till 55 000 dollar, då det kan möta mer motstånd, och 50 000 dollar kan då bli den nya stödnivån.

Support And Resistance

Hur läser man ett Bitcoin-diagram?

Detta är en stor fråga; för att svara kommer följande avsnitt att syfta till att bryta ner de mest populära typerna av diagram som används för att läsa Bitcoin och andra kryptovalutor samt hur man läser sådana diagram.

Diagram utgör grunden för att undersöka priser och hitta mönster. Diagram är på en nivå enkla och på en annan djup och komplex. Vi börjar med grunderna; olika typer av diagram och deras olika användningsområden.

Linjediagram

Ett linjediagram är ett diagram som representerar priset genom en enda linje. De flesta diagram är linjediagram eftersom de är extremt lätta att förstå, även om de innehåller mindre information än populära alternativ. Robinhood och Coinbase (som båda riktar sina tjänster mot mindre erfarna investerare) har linjediagram som standarddiagramtyp, medan institutioner som riktar sig till en mer erfaren publik, som Charles Schwab och Binance, använder andra diagramformer som standard.

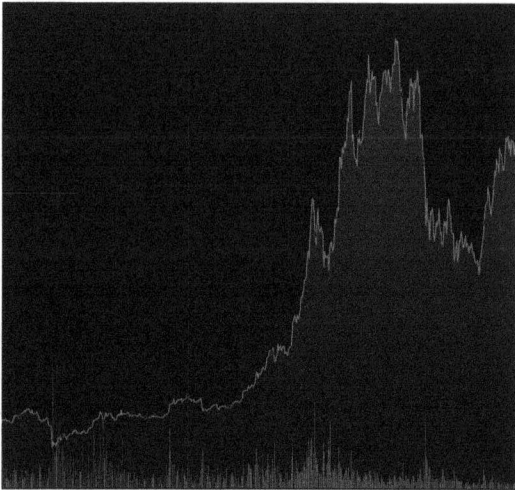

Ljusstake diagram

Ljusstakediagram är en mycket mer användbar form av att visa information om ett mynt; Sådana diagram är det bästa diagrammet för de flesta investerare. Inom en viss period har ljusstakediagram en bred "riktig kropp" och representeras oftast som rött eller grönt (ett annat vanligt färgschema är tom/vit och fylld/svart verklig kropp). Om den är röd (ifylld) var stängningen lägre än öppningen (vilket betyder att den gick ner). Om den verkliga kroppen är grön (tom) var stängningen högre än den öppna (vilket betyder att den gick upp). Ovanför och under de verkliga kropparna finns "vekarna", även kända som "skuggor". Vekar visar de höga och låga priserna för periodens handel. Så, genom att kombinera vad vi vet, om den övre veken (aka den övre skuggan) är nära den verkliga kroppen, desto högre är myntet eller token som nås under dagen nära stängningskursen. Därför gäller också det motsatta. Du måste ha en gedigen förståelse för ljusstakediagram, så jag föreslår att du besöker en webbplats som tradingview.com för att bli bekväm.

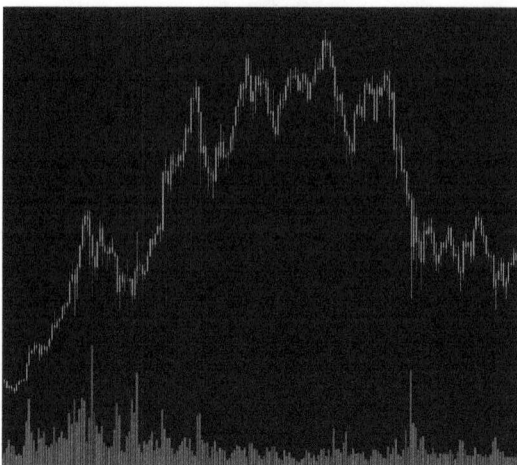

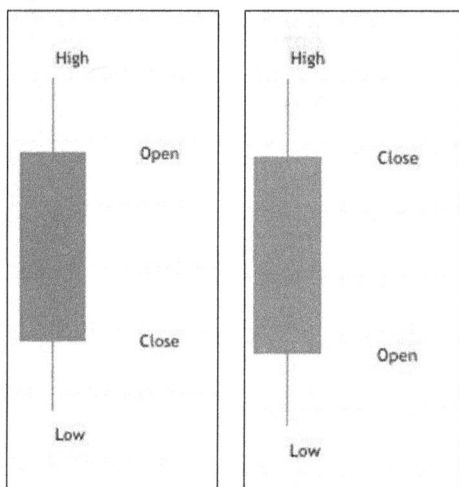

Figure 11: Bearish Candle[xi]

Renko-diagram

Renko-diagram visar bara prisrörelser och ignorerar tid och volym. Renko kommer från den japanska termen "renga", som betyder "tegelstenar". Renko-diagram använder tegelstenar (även kända som rutor), vanligtvis röda/gröna eller vita/svarta. Renko-rutor bildas bara i det övre eller nedre högra hörnet av den föregående rutan, och nästa ruta kan bara bildas om priset passerar toppen eller botten av den föregående rutan. Till exempel, om det fördefinierade beloppet är "$1" (tänk på detta som liknar tidsintervall på ljusstakediagram), kan nästa ruta bara bildas när den passerar antingen $1 över eller $1 under priset i föregående ruta. Dessa diagram förenklar och "jämnar ut" trender till lättförståeliga mönster samtidigt som de tar bort slumpmässiga prisåtgärder. Detta kan göra det lättare att genomföra teknisk analys eftersom mönster som stöd- och motståndsnivåer visas mycket tydligare.

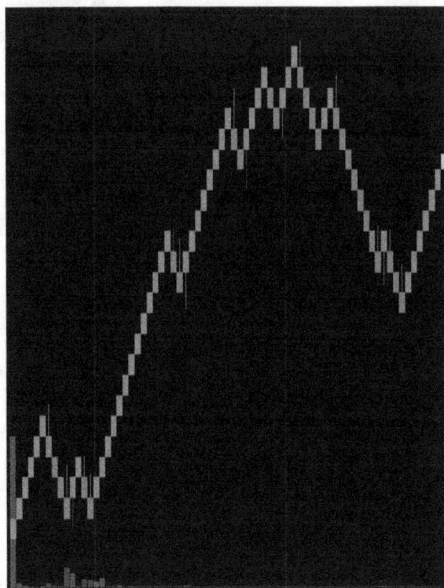

Punkt- och figurdiagram

Även om punkt- och figurdiagram (P&F) inte är lika välkända som de andra på den här listan, har de en lång historia och ett rykte som ett av de enklaste diagrammen som används för att identifiera bra ingångs- och utgångspunkter. Liksom Renko-diagram tar P&F-diagram inte direkt hänsyn till tidens gång. I stället staplas X och O i kolumner. varje bokstav representerar en vald prisrörelse (precis som blocken i Renko-diagram). X representerar ett stigande pris och O representerar ett fallande pris. Titta på den här sekvensen:

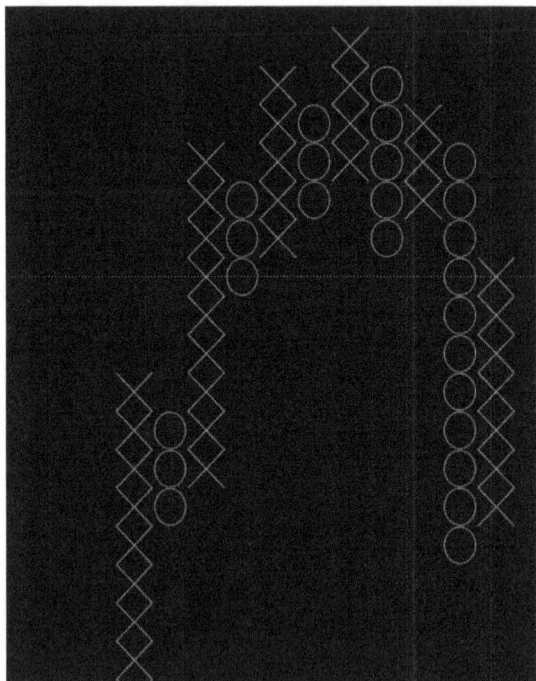

Låt oss säga att den valda prisrörelsen är $10. Vi måste börja längst ner till vänster: de 3 X:en indikerar att priset steg med 30 dollar, de 2

Os betyder en nedgång på 20 dollar och sedan representerar de sista 2 X:en en ökning med 20 dollar. Tiden är irrelevant.

Heiken-Ashi Diagram

Heikin-Ashi (hik-in-aw-she) diagram är en enklare, utjämnad version av ljusstakediagram. De fungerar nästan på samma sätt som candlestick-diagram (ljus, vekar, skuggor osv.), förutom att HA-diagram jämnar ut prisdata över två perioder istället för en. Detta gör i huvudsak att Heikin-Ashi är att föredra framför många handlare jämfört med ljusstakediagram eftersom mönster och trender lättare kan upptäckas, och falska signaler (små, meningslösa rörelser) utelämnas till stor del. Som sagt, det enklare utseendet döljer vissa data i förhållande till ljusstakar, vilket delvis är anledningen till att Heikin-Ashis ännu inte har ersatt ljusstakar. Så jag föreslår att du experimenterar med båda diagramtyperna och tar reda på vad som bäst passar din stil och förmåga att urskilja trender.

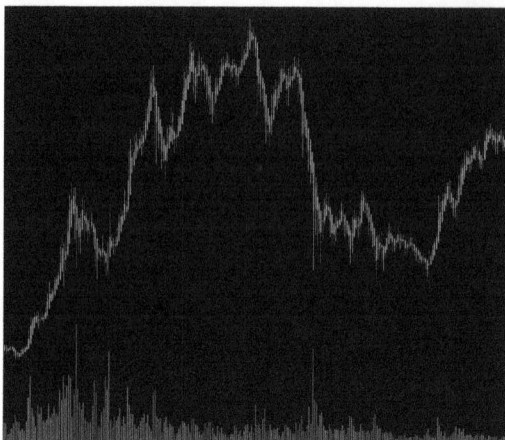

S: Observera att trenderna på Heikin-Ashi-diagrammet är jämnare och mer urskiljbara än på ljusstakediagrammet.

Resurser för diagram

.. TradingView (på engelska)

tradingview.com (bäst

övergripande, bäst socialt)

.. CoinMarketCap (på engelska)

coinmarketcap.com (enkelt, lätt)

·· CryptoWatch (på engelska)

cryptowat.ch (mycket etablerad, bäst för bots)

·· CryptoView (på engelska)

cryptoview.com (mycket anpassningsbar)

··

Klassificeringar av diagrammönster

Diagrammönster klassificeras för att snabbt förstå rollen och syftet. Här är några av dessa klassificeringar:

Hausse

Alla hausseartade mönster kommer sannolikt att resultera i att resultatet blir gynnsamt för uppsidan, så till exempel kan ett hausseartat mönster resultera i en uppåtgående trend på 10%.

Grov

Alla baisseartade mönster kommer sannolikt att resultera i att resultatet blir gynnsamt för nedsidan, så till exempel kan ett baisseartat mönster resultera i en nedåtgående trend på 10 %.

Ljusstake

Candlestick-mönster gäller specifikt för candlestick-diagram, inte för alla diagram. Detta beror på att ljusstakemönster är beroende av information som bara kan komma över i ett ljusformat (kropp och veke).

Antal stänger/ljus

Antalet staplar eller ljus i ett mönster är vanligtvis inte mer än tre.

Fortsättning

Fortsättningsmönster signalerar att trenden före mönstret är mer sannolik än att den inte kommer att fortsätta. Så, till exempel, om fortsättningsmönstret X bildas högst upp i en uppåtgående trend, kommer den uppåtgående trenden sannolikt att fortsätta.

Utbrytning

Ett utbrott är en rörelse över motstånd eller under stöd. Utbrottsmönster indikerar att en sådan rörelse är trolig. Riktningen för utbrottet är specifik för mönstret.

Omsvängning

En vändning är en förändring i prisets riktning. Ett vändningsmönster indikerar att prisets riktning sannolikt kommer att ändras (så en uppåtgående trend skulle bli en nedåtgående trend och en nedåtgående trend skulle bli en uppåtgående trend).

Vilken typ av Bitcoin-plånböcker finns det?

Det finns flera olika kategorier av plånböcker som skiljer sig åt när det gäller säkerhet, användbarhet och tillgänglighet:

1. *Plånbok i papper.* En pappersplånbok definierar lagringen av privat information (offentliga nycklar, privata nycklar och fröfraser) på, som namnet antyder, papper. Detta fungerar eftersom alla offentliga och privata nyckelpar kan bilda en plånbok; Inget onlinegränssnitt behövs. Fysisk lagring av digital information anses vara säkrare än någon form av onlinelagring, helt enkelt för att onlinesäkerhet står inför en rad potentiella säkerhetshot, medan fysiska tillgångar står inför få hot om intrång om de hanteras på rätt sätt. För att skapa en Bitcoin-pappersplånbok kan vem som helst besöka bitaddress.org för att skapa en offentlig adress och en privat nyckel och sedan skriva ut informationen. QR-koderna och nyckelsträngarna kan användas för att underlätta transaktioner. Men med tanke på de utmaningar som pappersplånboksinnehavare står inför (vattenskador, oavsiktlig förlust, oklarhet) i förhållande till ultrasäkra

onlinealternativ, rekommenderas inte längre pappersplånböcker för användning för att hantera betydande kryptovalutainnehav.

2. *Varm plånbok/kall plånbok.* En varm plånbok hänvisar till en plånbok som är ansluten till internet, motsatsen, kall förvaring, hänvisar till en plånbok som inte är ansluten till internet. Heta plånböcker gör det möjligt för kontoägaren att skicka och ta emot tokens; Kylförvaring är dock säkrare än varm förvaring och erbjuder många av fördelarna med pappersplånböcker utan lika stor risk. De flesta börser tillåter användare att flytta innehav från heta plånböcker (vilket är standard) till kalla plånböcker med några få knapptryckningar (Coinbase hänvisar till kall/offlinelagring som ett "valv"). För att ta ut innehav från kyllager krävs några dagar, vilket går tillbaka till tillgängligheten kontra säkerhetsdynamiken för varmlagring och kylförvaring. Om du är intresserad av att hålla en kryptotillgång på lång sikt är kall förvaring på din börs rätt väg att gå. Om du planerar att aktivt handla eller ägna dig åt handel med innehav är kylförvaring inte ett genomförbart alternativ.

3. *Hårdvara plånbok.* Hårdvaruplånböcker är säkra fysiska enheter som lagrar din privata nyckel. Det här alternativet gör

det möjligt att kombinera en viss grad av onlinetillgänglighet (eftersom hårdvaruplånböcker gör det mycket lätt att komma åt innehav) med ett lagringsmedel som inte är anslutet till internet och därför är säkrare. Vissa populära hårdvaruplånböcker, som Ledger (ledger.com) erbjuder till och med appar som fungerar tillsammans med hårdvaruplånböcker utan att kompromissa med säkerheten. Sammantaget är hårdvaruplånböcker ett utmärkt alternativ för seriösa och långsiktiga innehavare, även om fysisk säkerhet måste redovisas; Sådana plånböcker, såväl som pappersplånböcker, förvaras bäst i banker eller avancerade lagringslösningar.

Är Bitcoin-brytning lönsamt?

Det kan det säkert vara. Den genomsnittliga årliga avkastningen på investeringen för uthyrning av Bitcoin-gruvarbetare varierar från höga ensiffriga till låga tvåsiffriga tal, medan avkastningen för självstyrd Bitcoin-gruvdrift varierar under de tvåsiffriga talen (för att sätta en siffra på det kan 20 % till 150 % årligen förväntas, medan 40 % till 80 % är normalt). Hur som helst slår denna avkastning den historiska aktiemarknaden och fastighetsavkastningen på 10%. Bitcoin-brytning är dock volatil och dyr, och en rad faktorer påverkar varje individs avkastning. I nästa fråga kommer vi att undersöka faktorer för lönsamhet för Bitcoin-gruvdrift, som ger mycket bättre insikt i uppskattad avkastning, samt varför vissa månader och gruvarbetare presterar exceptionellt bra och andra inte.

Vad påverkar lönsamheten för Bitcoin-gruvdrift?

Följande variabler är viktiga för att bestämma den potentiella lönsamheten för Bitcoin-gruvdrift:

Pris på kryptovaluta. Den viktigaste påverkande faktorn är priset på den givna kryptovalutatillgången. En 2x ökning av Bitcoin-priset resulterar i 2x gruvvinsten (eftersom mängden Bitcoin som tjänas förblir densamma, medan motsvarande värde ändras), medan en 50% nedgång resulterar i halva vinsten. Med tanke på kryptovalutornas och särskilt Bitcoins flyktiga natur måste priset beaktas. Generellt, om du tror på Bitcoin och kryptovalutor på lång sikt, bör prisförändringar dock inte påverka dig eftersom ditt fokus skulle ligga på att bygga långsiktigt eget kapital, vilket bara kan förändras enligt andra faktorer på den här listan.

Hashhastighet och svårighetsgrad. HashRate är den hastighet med vilken ekvationer löses och block hittas. Hashhastigheten för miners motsvarar ungefär intäkterna, och fler miners som kommer in i systemet (vilket ökar hashhastigheten i nätverket och den relaterade "svårigheten" för utvinning som är ett mått som beskriver hur svårt det är att bryta block) späder ut hashandelen per miner och därmed lönsamheten. På så sätt driver konkurrensen ner vinsten genom svårighetsgrad och hashhastighet.

Priset på el. I takt med att gruvprocessen blir svårare ökar också elbehovet. Elpriset kan bli en viktig faktor för lönsamheten.

Halvera. Vart 4:e år halveras blockbelöningarna som programmeras in i Bitcoin för att stegvis minska inflödet och det totala utbudet av mynt. För närvarande (sedan den 13 maj 2020 och fram till 2024) är miner-belöningarna 6,25 bitcoin per block. Men 2024 kommer blockbelöningarna att sjunka till 3,125 bitcoin per block, och så vidare. På detta sätt måste långsiktiga gruvbelöningar sjunka om inte värdet på varje mynt stiger i värde lika mycket eller mer som minskningen av blockbelöningar.

Kostnad för hårdvara. Naturligtvis spelar det faktiska priset på hårdvaran som behövs för att bryta Bitcoin en stor roll i vinsten och avkastningen på investeringen. Mining kan enkelt ställas in på vanliga datorer (om du har en, kolla in nicehash.com); Som sagt, att sätta upp fullständiga riggar innebär kostnaden för moderkort, CPU:er, grafikkort, GPU:er, RAM, ASIC:er och mer. Den enkla vägen ut är helt enkelt att köpa färdiga riggar, men det innebär att man betalar en premie. Att göra din egen sparar pengar, men kräver också teknisk kunskap; I allmänhet kostar gör-det-själv-alternativ minst 3 000 dollar, men i allmänhet närmare 10 000 dollar. Alla dessa hårdvarufaktorer måste beaktas för att göra en anständig uppskattning av potentiell avkastning i den snabbt föränderliga miljön för Bitcoin- och kryptovalutabrytning.

För att avsluta denna fråga är de variabler som påverkar gruvdriftens lönsamhet många och föremål för snabba förändringar, och potentiella intäkter är partiska mot stora gårdar med tillgång till billig el. Med det sagt är kryptobrytning fortfarande mycket lönsamt, och avkastningen (exklusive risken för en marknadsomfattande kollaps) har varit och kommer sannolikt att förbli långt före den förväntade avkastningen på aktiemarknaden eller den normala avkastningen i de flesta andra tillgångsklasser.

Finns det riktiga, fysiska Bitcoins?

Det finns inte, och kommer sannolikt aldrig att finnas, fysiska Bitcoin; Det finns en anledning till att det kallas för en "digital valuta". Som sagt, tillgängligheten till Bitcoin kommer att öka med tiden genom bättre börser, Bitcoin-uttagsautomater, Bitcoin-betal- och kreditkort och andra tjänster. Förhoppningsvis kommer Bitcoin och andra kryptovalutor en dag att vara lika enkla att använda som fysiska valutor.

Är Bitcoin friktionsfritt?

En friktionsfri marknad är en idealisk handelsmiljö där det inte finns några kostnader eller begränsningar för transaktioner. Marknaden för Bitcoin (som består av par), även om den är på väg mot friktionsfri (särskilt när det gäller global penningöverföring), är inte i närheten av att verkligen vara där.

HTTPS://LibertyTreeCS.New   YorkPet.org/2016/03/Is-Bitcoin-Really-Frictionless/

Använder Bitcoin mnemonic phrases?

En mnemonisk fras är en ekvivalent term till en fröfras; Båda representerar sekvenser på 12 till 24 ord som identifierar och representerar plånböcker. Tänk på det som ett reservlösenord; Med den kan du aldrig förlora åtkomsten till ditt konto. Å andra sidan, om du glömmer det, finns det inget sätt att återställa det eller få tillbaka det och alla andra som har det har tillgång till din plånbok. Alla plånböcker inom vilka du kan hålla Bitcoin använder mnemoniska fraser; Du bör alltid förvara dessa fraser på en säker och privat plats; På papper är bäst, bäst av allt på papper i ett valv eller kassaskåp.

Your Seed Phrase

Your Seed Phrase is used to generate and recover your account.

1. issue	2. flame	3. sample
4. lyrics	5. find	6. vault
7. announce	8. banner	9. cute
10. damage	11. civil	12. goat

Please save these 12 words on a piece of paper. The order is important. This seed will allow you to recover your account.

6

Kan du få tillbaka dina Bitcoin om du skickar dem till fel adress?

En återbetalningsadress är en plånboksadress som kan fungera som en säkerhetskopia om transaktionen misslyckas. Om en sådan händelse inträffar ges en chargeback till den angivna återbetalningsadressen. Om du någonsin behöver ange en återbetalningsadress, se till att adressen är korrekt och kan ta emot den token du skickar.

File:Creating-Atala_PRISM-crypto_wallet-seed_phrase.png

Är Bitcoin säkert?

Bitcoin, som styrs av ett underliggande system blockchain-nätverk, är ett av de säkraste systemen i världen av följande skäl:

1. *Bitcoin är offentligt.* Bitcoin, liksom många kryptovalutor, har en offentlig reskontra som registrerar alla transaktioner. Eftersom ingen privat information måste tillhandahållas för att äga och handla Bitcoin och all transaktionsinformation är offentlig på blockkedjan, har inkräktare inget att hacka sig in i eller stjäla; det enda alternativet till att hacka sig in i och dra nytta av Bitcoin-nätverket (exklusive mänskliga felpunkter, som i utbytesattacker och förlorade lösenord; vi fokuserar på Bitcoin självt) är en 51%-attack, vilket i Bitcoins skala är praktiskt taget omöjligt. Att vara "offentlig" knyter också an till att Bitcoin är tillståndslöst; Ingen kontrollerar det, och därför kan ingen subjektiv eller enskild synpunkt påverka hela nätverket (utan samtycke från alla andra i nätverket).

2. *Bitcoin är decentraliserat.* Bitcoin fungerar för närvarande genom 10 000 noder, som alla tillsammans tjänar till att validera transaktioner.[7] Eftersom hela nätverket validerar transaktioner finns det inget sätt att ändra eller kontrollera

---

[7] "Bitnodes: Global distribution av Bitcoin-noder." https://bitnodes.io/. Åtkomst 30 augusti 2021.

transaktioner (såvida inte 51 % av nätverket kontrolleras). En sådan attack är, som nämnts, praktiskt taget omöjlig; Med det nuvarande priset på Bitcoin skulle en angripare behöva spendera tiotals miljoner dollar om dagen och kontrollera en volym av beräkningsresurser som helt enkelt inte är tillgängliga.[8] Därför gör den decentraliserade karaktären av datavalidering Bitcoin extremt säker.

3. *Bitcoin är oåterkalleligt.* När transaktioner i nätverket har bekräftats är det inte möjligt att ändra dem eftersom varje block (ett block är en batch av nya transaktioner) är anslutet till block på vardera sidan av det, vilket bildar en sammankopplad kedja. När blocken väl har skrivits kan de inte ändras. Dessa två faktorer i kombination förhindrar dataändring och säkerställer större säkerhet.

4. *Bitcoin använder hashing-processen.* En hash är en funktion som omvandlar ett värde till ett annat; en hash i kryptovärlden omvandlar en inmatning av bokstäver och siffror (en sträng) till en krypterad utdata av en fast storlek. Hash hjälper till med kryptering eftersom "lösning" av varje hash kräver att man arbetar baklänges för att lösa ett extremt

---

[8] "Du skulle behöva 21 miljoner dollar för att attackera Bitcoin under en dag - Dekryptera." 31 jan. 2020, https://decrypt.co/18012/you-would-need-21-million-to-attack-bitcoin-for-a-day. Åtkomst 30 augusti 2021.

komplext matematiskt problem; Därför är förmågan att lösa dessa ekvationer enbart baserad på beräkningskraft. Hashing har följande fördelar: data komprimeras, hashvärden kan jämföras (i motsats till att jämföra data i sin ursprungliga form) och hashfunktioner är ett av de säkraste och mest intrångssäkra sätten för dataöverföring (särskilt i stor skala).

Kommer Bitcoin att ta slut?

Det beror på vad du menar med "ta slut". Mängden bitcoin som läggs till i nätverket varje år kommer alltid att ta slut. Men vid den tidpunkten kommer olika leveransmekanismer (i motsats till att Bitcoin är gruvbelöningen) att ta över och verksamheten kommer att fortsätta som vanligt. I den meningen bör Bitcoin aldrig ta slut.

Vad är poängen med Bitcoin?

Bitcoins primära värde kommer från följande applikationer: som ett värdeförråd och ett sätt att göra privata, globala och säkra transaktioner. Detta är i huvudsak poängen med Bitcoin; Ett syfte som hade genomförts ganska framgångsrikt med tanke på dess historiska avkastning och de cirka 300 000 dagliga transaktionerna.

Hur skulle du förklara Bitcoin för en 5-åring?

Bitcoin är datorpengar som människor kan använda för att köpa och sälja saker eller för att tjäna mer pengar. Bitcoin fungerar på grund av blockchain. Blockchain är ett verktyg som gör det möjligt för många olika människor att på ett säkert sätt skicka runt värdefull information eller pengar utan att någon annan behöver göra det åt dem.

Är Bitcoin ett företag?

Bitcoin är inte ett företag. Det är ett nätverk av datorer som kör algoritmer. Men med tanke på utvecklingen av mjukvara och hårdvara över tid och för att förhindra föråldring av Bitcoin, implementerades ett röstningssystem i nätverket vid skapandet för att möjliggöra uppdateringar av koden och algoritmerna. Röstningssystemet är helt öppen källkod och konsensusbaserat, vilket innebär att uppdateringar av systemet som föreslås av utvecklare och volontärer måste genomgå rigorös granskning från andra intresserade parter (eftersom ett fel i en uppdatering skulle förlora miljontals intresserade parters pengar), och uppdateringen kommer bara att godkännas om masskonsensus uppnås. Bitcoin Foundation (bitcoinfoundation.org) sysselsätter flera heltidsutvecklare som arbetar med att upprätta en färdplan för Bitcoin och utveckla uppdateringar. Återigen, men vem som helst som har något att bidra med kan göra det, och inget egentligt företag eller organisation ansöker. Dessutom tvingas användarna inte att uppdatera om en regeländring tillämpas. De kan hålla sig till vilken version de vill. Idéerna bakom detta system är helt underbara; idén om ett oberoende, konsensusbaserat nätverk med öppen källkod har tillämpningar inom många fler områden än bara Bitcoin.

Är Bitcoin en bluff?

Bitcoin är per definition inte en bluff. Det är ett finansiellt instrument skapat av ett team av etablerade ingenjörer. Det är värt biljoner, går inte att hacka och grundaren har inte sålt några innehav.[9] Som sagt, Bitcoin är verkligen manipulerbar och är mycket volatil. Många andra kryptovalutor på marknaden, till skillnad från Bitcoin, är en bluff. Så gör din research, investera i etablerade mynt med välrenommerade team och använd sunt förnuft.

---

[9] Även om Satoshi Nakamoto är värd tiotals miljarder på grund av Bitcoin, har han inte sålt några (i sin kända plånbok). Tillsammans med sin anonymitet har grundaren av Bitcoin förmodligen inte gjort någon större vinst genom valutan, åtminstone i förhållande till de tiotals eller hundratals miljarder han äger.

Kan Bitcoin hackas?

Bitcoin i sig är omöjligt att hacka eftersom hela nätverket ständigt granskas av många noder (datorer) inom nätverket, och därför kan en angripare bara hacka systemet om de kontrollerar 51% eller mer av beräkningskraften i nätverket (eftersom majoritetskontrollen kan användas för att validera vad som helst, oavsett om det är korrekt eller inte). Med tanke på gruvkraften bakom Bitcoin är detta i princip omöjligt. Den svaga punkten i kryptovalutasäkerhet är dock användarnas plånböcker; Plånböcker och börser är mycket lättare att hacka. Så även om Bitcoin är omöjligt att hacka, kan dina Bitcoin hackas av ett fel på en börs, såväl som av ett svagt eller oavsiktligt delat lösenord. Generellt, om du håller dig till etablerade börser och har ett privat, säkert lösenord, är dina chanser att bli hackad praktiskt taget noll.

Vem håller reda på Bitcoin-transaktioner?

Varje nod (dator) i Bitcoin-nätverket upprätthåller en fullständig kopia av alla Bitcoin-transaktioner. Informationen används för att validera transaktioner och säkerställa säkerheten. Dessutom är alla Bitcoin-transaktioner offentliga och kan ses via Bitcoin-huvudboken; Du kan se detta själv på följande länk:

https://www.blockchain.com/btc/unconfirmed-transactions

Kan vem som helst köpa och sälja Bitcoin?

Eftersom Bitcoin är decentraliserat kan vem som helst köpa och sälja, oavsett externa faktorer eller identitet. Som sagt, många länder kräver att kryptovalutor endast handlas via centraliserade börser (av skatte- och säkerhetsskäl), vilket kräver grundläggande KYC-mandat, såsom identitet, SSN, etc. Sådana lagar hindrar vissa människor från att investera i krypto och centraliserade börser förbehåller sig rätten att stänga konton av vilken anledning som helst.

Är Bitcoin anonymt?

Som nämnts i frågan direkt ovan tillåter det medfödda systemet som styr Bitcoin fullständig personlig anonymitet; Allt som måste delas för en lyckad transaktion är en plånboksadress. Regeringsmandat har dock gjort det olagligt i många länder (det främsta exemplet är USA) att handla på decentraliserade börser. Därför förbjuder centraliserade börser juridisk anonymitet vid handel med krypto.

Kan reglerna för Bitcoin ändras?

Eftersom Bitcoin är decentraliserat kan systemet inte ändra sig självt. Nätverkets regler kan dock ändras genom konsensus från Bitcoininnehavare. Idag uppdaterar projekt med öppen källkod Bitcoin om uppdateringar behövs, och gör det endast om ändringarna accepteras av Bitcoin-communityt.

Ska Bitcoin kapitaliseras?

Bitcoin som nätverk bör kapitaliseras. Bitcoin som enhet bör inte kapitaliseras. Till exempel, "efter att jag hörde talas om idén om Bitcoin köpte jag 10 bitcoins."

Vad är Bitcoin-protokoll?

Ett protokoll är ett system eller en procedur som styr hur något ska göras. Inom kryptovaluta och Bitcoin är protokoll det styrande kodlagret. Till exempel bestämmer ett säkerhetsprotokoll hur säkerheten ska utföras, ett blockkedjeprotokoll styr hur blockkedjan agerar och fungerar och ett Bitcoin-protokoll styr hur Bitcoin fungerar.

Lightning Network Protocol Sui

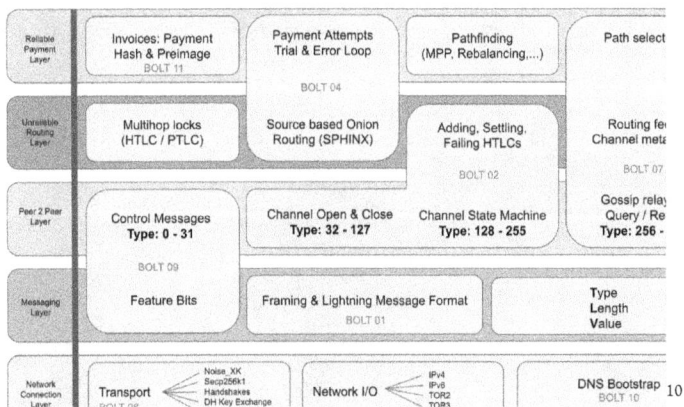

Reliable Payment Layer	Invoices: Payment Hash & Preimage BOLT 11	Payment Attempts Trial & Error Loop	Pathfinding (MPP, Rebalancing,...)	Path select
		BOLT 04		
Unreliable Routing Layer	Multihop locks (HTLC / PTLC)	Source based Onion Routing (SPHINX)	Adding, Settling, Failing HTLCs	Routing fe Channel met
			BOLT 02	BOLT 07
Peer 2 Peer Layer	Control Messages Type: 0 - 31	Channel Open & Close Type: 32 - 127	Channel State Machine Type: 128 - 255	Gossip relay Query / Re Type: 256 -
	BOLT 09			
Messaging Layer	Feature Bits	Framing & Lightning Message Format BOLT 01		Type Length Value
Network Connection Layer	Transport — Noise_XK Secp256k1 Handshakes DH Key Exchange	Network I/O — IPv4 IPv6 TOR2 TOR3		DNS Bootstrap BOLT 10

10

*Detta är ett exempel på ett protokoll, sett genom linsen av Lightning Network, som är ett Layer-2-betalningsprotokoll som är utformat för att fungera ovanpå mynt som Bitcoin och Litecoin för att möjliggöra snabbare transaktioner och därmed lösa skalbarhetsproblem.

---

[10] Renepick / CC BY-SA 4.0
File:Lightning_Network_Protocol_Suite.png

Vad är Bitcoins huvudbok?

Bitcoins huvudbok, och alla blockkedjeböcker, lagrar data om alla finansiella transaktioner som görs på den givna blockkedjan. Kryptovalutor använder offentliga reskontra, vilket innebär att huvudboken som används för att registrera alla transaktioner är offentligt tillgänglig. Du kan se den offentliga huvudboken för Bitcoin på blockchain.com/explorer.

Hash	Time	Amount (BTC)	Amount (USD)
e3bc0fe2e5f235094f3825ab722ca4dda006c3528db1466012e1395984f8a3ec	12:22	3.40547680 BTC	$170,418.94
80c2a1ab8cc9fc94f082e707640216f3898beb189428840adf169fb2fb150735	12:22	0.52284473 BTC	$26,164.21
f3773b98dd9b10777e0761dd7d8be8e7953b190546b245fcafef5494124a0e9d	12:22	0.03063826 BTC	$1,533.20
e5e5e9878e8494bb58cea67aef3aae789ef972172db5424797dcd16eh7345a9a	12:22	0.00151322 BTC	$75.72
5f3bcd4212f05ed0d9ad7be40a97e1b4e6fe3458c7d9928e8b1a5219b7a1f33e	12:22	0.84369401 BTC	$42,220.15
37e7a56509c2b095549c3f885e2dcd3c0a29f47d5987d64ef5cf4b8ce9892611	12:22	0.00153592 BTC	$76.86
ee7e833c2da8c25125e653903828fb74303d2efafdf730b0cc2767d8840e1754	12:22	0.00210841 BTC	$105.51
d2259896d076a2723259cc55e7131c3d4622ce6a14c37eb51cadd9992f3673c1	12:22	0.00251375 BTC	$125.79
8f7a795196ec4bdb0cc9216e75c13ca1f944c7f46faf24004952aa2a0aed072f	12:22	1.60242873 BTC	$80,188.77
7f6fa2f64999a07e03a344aed9ddb34282653afeddfcb611f996109bB3bdb11f	12:22	0.00022207 BTC	$11.11
8c9dfdf9b649a1d485d5d2cfcb3185ad91b067d36b4b60b3233d0c78cf898d80	12:22	0.00006000 BTC	$3.00
4dce5a6630b41314fff0a30dca820958563c450eccdf01f1f7240b19fba24	12:22	0.0076107D BTC	$380.85
7u31b8568d1549a89461fed19b11d03025141ca429bfbaf699ca73fb82ee0825d	12:22	0.00070666 BTC	$35.36
9fd5d4e37f766c414078c8d2dc8rd48efa8cf00f901d91e81e73a1a874c2beef	12:22	0.00061789 BTC	$30.92
b4dda5855fde5282c1e51fa59e56998a55904b77da988136a62b256aac2960fb	12:22	0.07876440 BTC	$3,941.53
a8f05dce5ca3984bd5fbfb85a52e6a23834597739f1828c368fbc8aba129391a	12:22	1.41705545 BTC	$70,912.32
b80588be59e4be8d3b22294d86e2f0df577a7e58a9296fafbb62ba3add06b053	12:22	0.30358853 BTC	$15,192.18
e0fb0dcd87c22b2e11ef7eb3852a7a6a51uca09d7d0d63189f6d9e275a410dd8	12:22	0.00712366 BTC	$356.48
f60389c978d4bf86bb32047fbd5efecb046d1f0e09c3c7b2035e5b2b6a852445	12:22	0.00029789 BTC	$14.91
a820e18a7a4539e4cd410f1f9fb213408174f099ffe2d245540b388e7befbfbf	12:22	0.79690506 BTC	$39,878.74
cbdc8ef0869d4a243add5c0b6c40d014d4a33a5e01e8eacd3fbcaffc9aba36c2	12:22	0.54677419 BTC	$27,361.68

*En livevy av Bitcoins offentliga huvudbok från blockchain.com

Vilken typ av nätverk är Bitcoin?

Bitcoin är ett P2P-nätverk (peer-to-peer). Ett peer-to-peer-nätverk innebär att många datorer arbetar med varandra för att slutföra uppgifter. Peer-to-peer-nätverk kräver ingen central myndighet och är en integrerad del av blockkedjenätverk och kryptovalutor.

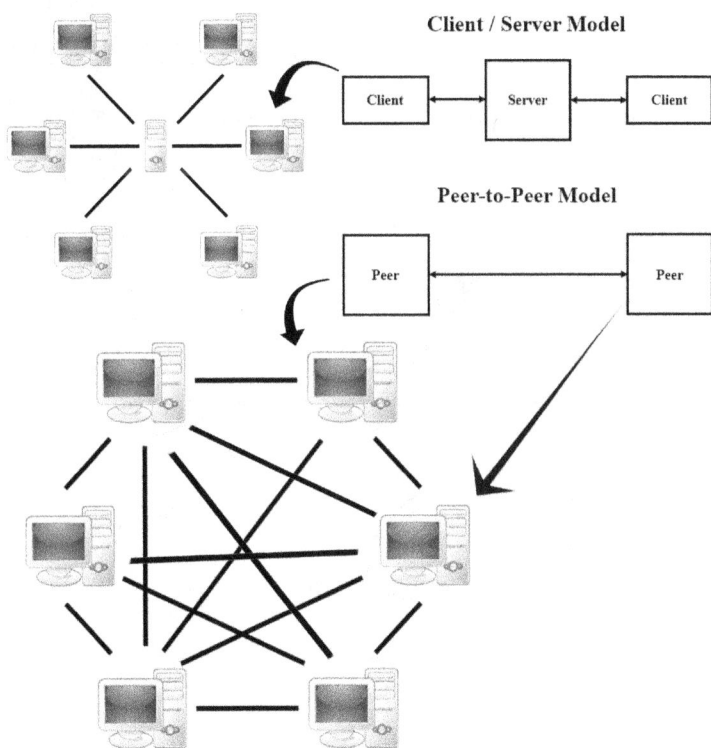

---

[11] Skapad av författaren; baserat på bilder från följande källor: Mauro Bieg / GNU GPL / File:Server-based-network.svg

Kan Bitcoin fortfarande vara den bästa kryptovalutan när den når maxutbudet?

Utbudet av Bitcoin kommer verkligen att ta slut, men det kommer att göra det år 2140. Vid den tidpunkten kommer alla 21 miljoner BTC att finnas i nätverket, och ett annat incitaments- eller leveranssystem måste implementeras för nätverkets fortsatta överlevnad. Men att gissa om Bitoin kommer att vara den bästa kryptovalutan år 2140 är som att fråga år 1900 hur 2020 skulle bli; Skillnaden i teknik är nästan omöjligt stor och den tekniska miljön på 2000-talet är det ingen som kan gissa. Vi får helt enkelt se.

Hur mycket pengar tjänar Bitcoin-gruvarbetare?

Bitcoin-gruvarbetare tjänar tillsammans cirka 45 miljoner dollar per dag och 1,9 miljoner dollar i timmen (6,25 Bitcoin per block, 144 block per dag). Vinst per gruvarbetare beror på hashkraft, elkostnad, poolavgift (om det är i en pool), strömförbrukning och hårdvarukostnad; Online mining-kalkylatorer kan uppskatta vinster baserat på alla dessa faktorer. Den mest populära av dessa miniräknare, som tillhandahålls av Nicehash, finns på https://www.nicehash.com/profitability-calculator.

Vad är blockhöjden för Bitcoin?

Blockhöjden är antalet block i en blockkedja. Höjd 0 är det första blocket (även kallat "genesis-blocket"), höjd 1 är det andra blocket och så vidare; den nuvarande blockhöjden för Bitcoin är mer än en halv miljon. "Blockgenereringstiden" för Bitcoin är för närvarande cirka 10 minuter, vilket innebär att ett nytt block läggs till i Bitcoin-blockkedjan ungefär var 10:e minut.

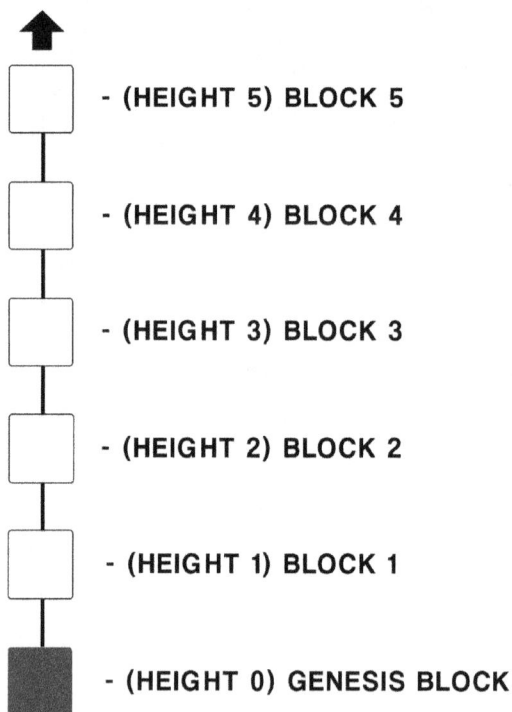

↑

- (HEIGHT 5) BLOCK 5

- (HEIGHT 4) BLOCK 4

- (HEIGHT 3) BLOCK 3

- (HEIGHT 2) BLOCK 2

- (HEIGHT 1) BLOCK 1

- (HEIGHT 0) GENESIS BLOCK

12

---

[12] Skapande av författare. Kan användas under CC BY-SA 4.0-licens.

Använder Bitcoin Atomic Swaps?

En atomic swap är en smart kontraktsteknik som gör det möjligt för användare att byta två olika mynt mot varandra utan en tredje parts mellanhand, vanligtvis en börs, och utan att behöva köpa eller sälja. Centraliserade börser, som Coinbase, kan inte utföra atombyten. Istället möjliggör decentraliserade börser atombyten och ger slutanvändarna full kontroll.

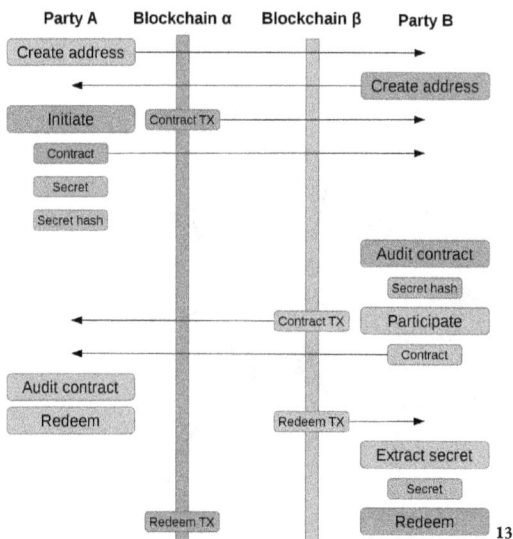

*Visualisering av ett Atomic Swap-arbetsflöde.

Vad är Bitcoin-miningpooler?

Utvinningspooler, även kända som grupputvinning, avser grupper av människor eller enheter som kombinerar sin beräkningskraft för att bryta tillsammans och dela upp belöningarna. Detta säkerställer också konsekventa, i motsats till sporadiska, intäkter.

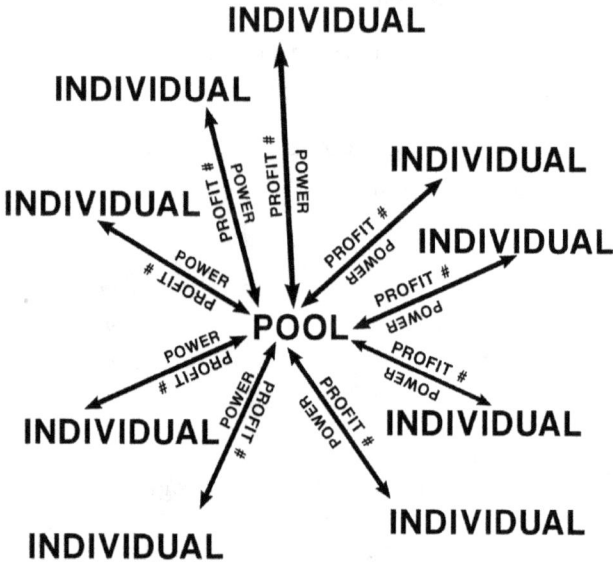

Vilka är de största Bitcoin-gruvarbetarna?

Figur 2.3 är en uppdelning av distributionen av Bitcoin-miner. De stora bitarna är alla mining-pooler, inte enskilda miners, eftersom pooler möjliggör massiv skala (när det gäller beräkningskraft) genom att utnyttja ett nätverk av individer. Detta tillämpar i huvudsak det mycket Bitcoin-liknande distributionskonceptet för gruvdrift. De största Bitcoin-poolerna inkluderar Antpool (en gruvpool med öppen tillgång), ViaBTC (känd för att vara säker och stabil), Slush Pool (den äldsta gruvpoolen) och BTC.com (den största av de fyra).

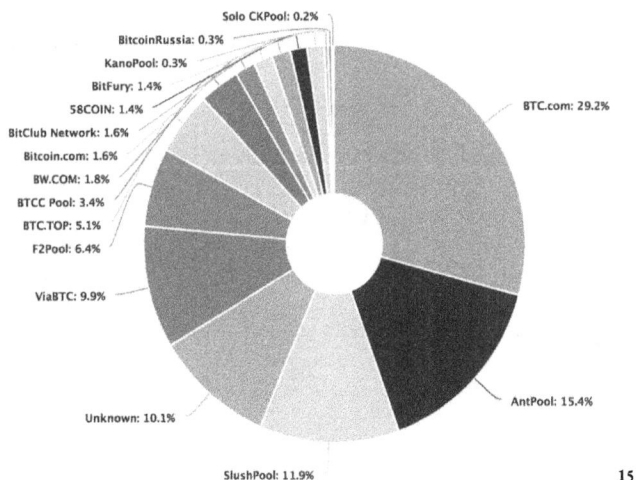

Figur 2.3: Distribution av Bitcoin-gruvdrift 3

---

[15] "Bitcoin Mining Distribution 3 | Ladda ner vetenskapligt diagram." https://www.researchgate.net/figure/Bitcoin-Mining-Distribution-3_fig3_328150068. Åtkomst 2 september 2021.

Är Bitcoin-tekniken föråldrad?

Ja, tekniken som driver Bitcoin är föråldrad i förhållande till nyare konkurrenter. Bitcoin gjorde jobbet med banbrytande och fungerade som ett proof-of-concept för kryptovalutor, men som med all teknik driver innovation framåt och för att hålla jämna steg med sådan innovation krävs sammanhängande uppgraderingar, vilket Bitcoin inte har haft. Bitcoin-nätverket kan hantera cirka 7 transaktioner per sekund, medan Ethereum (den näst största kryptovalutan sett till börsvärde) kan hantera 30 transaktioner per sekund och Cardano, den tredje största och mycket nyare kryptovalutan, kan hantera cirka 1 miljon transaktioner per sekund. Överbelastning av nätverket på Bitcoin-nätverket leder till mycket högre avgifter. På detta sätt, såväl som när det gäller programmerbarhet, integritet och energianvändning, är Bitcoin något föråldrat. Det betyder inte att det inte fungerar; Det gör det, det betyder bara att antingen bör seriösa uppgraderingar genomföras eller så kommer användarupplevelsen att bli sämre och konkurrenterna kommer att frodas. Men oavsett har Bitcoin ett enormt varumärkesvärde, en enorm skala av användning och adoption och protokoll som får jobbet gjort på ett säkert sätt; Det betyder bara att det varken är ett nollsummespel eller sannolikt kommer att sluta i det bästa eller sämsta scenariot. Vi kommer sannolikt att se ett mellanscenario utspela sig, där Bitcoin fortsätter att möta problem, fortsätter att implementera lösningar och fortsätter att

växa (även om tillväxten måste avta någon gång) i takt med att

kryptoutrymmet växer.

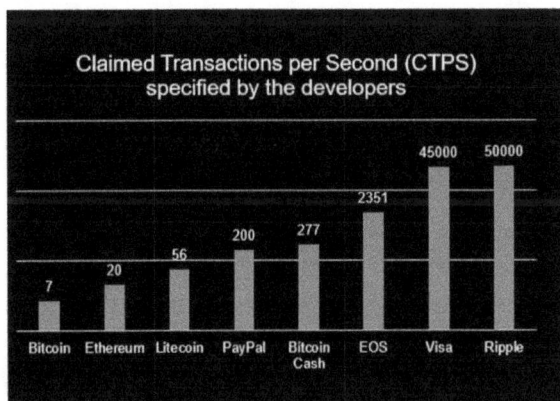

Claimed Transactions per Second (CTPS) specified by the developers

Bitcoin	Ethereum	Litecoin	PayPal	Bitcoin Cash	EOS	Visa	Ripple
7	20	56	200	277	2351	45000	50000

[16] https://investerest.vontobel.com/

---

[16] "Bitcoin förklarat - Kapitel 7: Bitcoins skalbarhet - Investerest." https://investerest.vontobel.com/en-dk/articles/13323/bitcoin-explained---chapter-7-bitcoins-scalability/. Åtkomst 4 september 2021.

Vad är en Bitcoin-nod?

En nod är en dator (en nod kan vara vilken dator som helst, inte vilken specifik typ som helst) som är ansluten till en blockkedjas nätverk och hjälper blockkedjan att skriva och validera block. Vissa noder laddar ner en hel historik över sin blockkedja; Dessa kallas masternoder och utför fler uppgifter än vanliga noder. Dessutom är noder inte på något sätt knutna till ett specifikt nätverk; Noder kan byta till många olika blockkedjor praktiskt taget efter behag, vilket är fallet med multipool mining.

Hur fungerar leveransmekanismen för Bitcoin?

Bitcoin använder en PoW-försörjningsmekanism. En utbudsmekanism är det sätt på vilket nya tokens introduceras i nätverket. PoW, eller "Proof of work" betyder bokstavligen att arbete (i termer av matematiska ekvationer) krävs för att skapa block. De som utför arbetet är gruvarbetare.

Hur beräknas marknadsvärdet för Bitcoin?

Ekvationen för börsvärde är mycket enkel: # av enheter x pris per enhet. Bitcoin-"enheter" är mynt, så för att lösa marknadsvärdet kan man multiplicera det cirkulerande utbudet (cirka 18,8 miljoner) med priset per mynt (cirka 50 000 dollar). Den resulterande siffran (i det här fallet 940 miljarder) är börsvärdet.

Kan du ge och få Bitcoin-lån?

Ja, du kan utnyttja Bitcoin och andra kryptovalutor för att ta ett USD-lån. Sådana lån är idealiska för personer som inte vill sälja sina Bitcoin-innehav, men som behöver pengar för utgifter som bil- eller fastighetsbetalningar, resor, köp av en fastighet etc. Att ta ett lån gör det möjligt för innehavaren att behålla sina tillgångar men ändå dra nytta av det värde som är låst i tillgången. Dessutom har Bitcoin-lån extremt snabba handläggnings- och acceptanstider, kreditpoäng spelar ingen roll och lån kommer med en viss grad av konfidentialitet (vilket innebär att långivare inte har något intresse av vad du spenderar pengarna på). Som långivare är det en bra strategi att skapa inkomster från annars stillasittande innehav; på båda sidor ligger risken till stor del i Bitcoins fluktuationer. Hur som helst är det en spännande verksamhet, och en som precis har börjat och har en verkligt enorm tillväxtpotential. De mest populära tjänsterna för att ge och få Bitcoin- och myntlån är blockfi.com, lendabit, youhodler, btcpop, coinloan.io och mycred.io.

Vilka är de största problemen med Bitcoin?

Bitcoin är tyvärr inte perfekt. Det var den första i sitt slag, och ingen ny teknik blir fulländad på första försöket. Det största nuvarande och långsiktiga problemet som Bitcoin står inför är energi och skala. Bitcoin fungerar genom ett PoW-system (proof-of-work), och den uppkomna nackdelen är hög energianvändning; Bitcoin använder för närvarande 78 tW/timme per år (varav en stor del, men inte alla, använder kol). För att ge lite perspektiv är en terawattimme en enhet av energi som är lika med att mata ut en biljon watt under en timme. Trots detta förbrukar Bitcoin-nätverket tre gånger mindre energi än det traditionella penningsystemet; Problemet ligger i energianvändningen vid massantagande och vid energianvändningen i förhållande till andra kryptovalutor.[17] Ett PoS-system (proof-of-stake), som det som används av Ethereum, använder 99,95 % mindre energi än ett PoW-alternativ.[18] Detta är viktigare än någon absolut energiförbrukningsdata, eftersom det antyder det faktum att Bitcoin

---

[17] "Banker förbrukar mer än tre gånger mer energi än Bitcoin ...."
https://bitcoinist.com/banks-consume-energy-bitcoin/.

[18] "Proof-of-stake kan göra Ethereum 99,95% mer energieffektivt ...."
https://www.morningbrew.com/emerging-tech/stories/2021/05/19/proofofstake-make-ethereum-9995-energyefficient-work.

har potential att förbruka mycket mindre energi än vad det för närvarande gör; även om ett idealiskt energibehov är långt borta. Förutom skalan är användbarheten ett lika viktigt problem som Bitcoin står inför på lång sikt (inte när det gäller överlevnad, utan när det gäller värde). Bitcoin har liten inneboende användbarhet och fungerar mer som ett värdeförråd än som en teknik. Man skulle kunna hävda att Bitcoin fyller en nisch och fungerar som ett digitalt guld, men det tveeggade svärdet i en stillasittande nisch är att Bitcoins volatilitet är extremt hög för ett långsiktigt värdeförråd och någon gång måste antingen volatiliteten minska eller så kommer användningen att förbli begränsad till den demografi som är bekväm med hög volatilitet. Åtminstone väcker frågan om nytta frågan om altcoin-alternativ; eftersom användningsområdena för kryptovalutor varierar, särskilt när det gäller användbarhet, och därför måste och kommer andra kryptovalutor än Bitcoin att existera i stor skala på lång sikt. Frågan om vilken, om den besvaras korrekt, kommer att vara mycket lönsam.

Har Bitcoin mynt eller tokens?

Bitcoin består av mynt, men det är viktigt att förstå skillnaden mellan tokens och mynt. En kryptovaluta-token är en digital enhet som representerar en tillgång, precis som ett mynt. Men medan mynt är byggda på sin egen blockkedja, är tokens byggda på en annan blockkedja. Många tokens använder Ethereum-blockkedjan och kallas därför tokens, inte mynt. Mynt används endast som pengar, medan tokens har ett bredare användningsområde. Att förstå tokens är en integrerad del av att förstå exakt vad du handlar, samt att förstå all användning av digitala valutor, och av dessa skäl analyseras de mest populära token-underkategorierna här:

1. *Säkerhetstoken* representerar juridiskt ägande av en tillgång, oavsett om den är digital eller fysisk. Ordet "säkerhet" i säkerhetstokens betyder inte säkerhet som i att vara säker, utan snarare "säkerhet" hänvisar till alla finansiella instrument som har värde och kan handlas. I grund och botten representerar säkerhetstokens en investering eller tillgång.

2. *Verktygstoken* är inbyggda i ett befintligt protokoll och kan komma åt protokollets tjänster. Kom ihåg att protokoll tillhandahåller regler och en struktur för noder att följa, och utility tokens kan användas för bredare ändamål än bara som

en betalningstoken. Till exempel ges utility tokens vanligtvis till investerare under en ICO. Sedan, senare, kan investerare använda de verktygstokens de fick som betalningsmedel på plattformen de fick tokens från. Det viktigaste att tänka på är att utility tokens kan göra mer än att bara fungera som ett sätt att köpa eller sälja varor och tjänster.

3. *Styrningstoken* används för att skapa och driva ett röstningssystem för kryptovalutor som möjliggör systemuppgraderingar utan en centraliserad ägare.

4. *Betalningstoken (transaktionstokens)* används endast för att betala för varor och tjänster.

Kan du tjäna pengar bara genom att inneha Bitcoin?

Många mynt kommer att ge belöningar bara för att hålla tillgången; Ethereum-innehavare kommer snart att tjäna 5 % APR på satsad ETH. Det viktiga ordet är dock "staked" eftersom alla mynt som erbjuder pengar bara för att hålla myntet eller token (kallade "insatsbelöningar") fungerar på ett PoS-system (proof-of-stake) och algoritm. En PoS-algoritm är ett alternativ till PoW (proof-of-work) som gör det möjligt för en person att bryta och validera transaktioner baserat på antalet ägda mynt. Så med PoS, ju mer du äger, desto mer bryter du. Ethereum kan snart köras på proof-of-stake, och många alternativ gör det redan. Med allt detta sagt kan du fortfarande tjäna ränta på dina Bitcoin genom att låna ut dem till låntagare.

Har Bitcoin glidning?

För att ge lite sammanhang kan glidning uppstå när en handel görs med en marknadsorder. Marknadsorder försöker utföra till bästa möjliga pris, men ibland uppstår en anmärkningsvärd skillnad mellan det förväntade priset och det faktiska priset. Till exempel kan du se att examplecoin ligger på $100, så du lägger in en marknadsorder för $1000. Det slutar dock med att du bara får 9,8 examplecoin för dina $1000, i motsats till de förväntade 10. Glidning sker eftersom köp-/säljspreadar ändras snabbt (i princip ändrades marknadspriset). Bitcoin och de flesta kryptovalutor riskerar att glida; Av denna anledning, om du lägger en stor order, överväg att lägga en limitorder i motsats till en marknadsorder. Detta kommer att eliminera glidning.

Vilka Bitcoin-akronymer bör jag känna till?

ATH

Akronym som betyder "all time high". Detta är det högsta priset som en kryptovaluta har nått inom en vald tidsperiod.

ATL

Akronym som betyder "all time low". Detta är det lägsta pris som en kryptovaluta har nått inom en vald tidsperiod.

BTD (BTD)

Akronym som betyder "Köp dippen". Kan också representeras, tillsammans med ett visst salt språk, som BTFD.

CEX (på engelska)

Akronym som betyder "centraliserat utbyte". Centraliserade börser ägs av ett företag som hanterar transaktioner. Coinbase är en populär CEX.

ICO

"Initialt mynterbjudande."

P2P

"Fötter är fötter."

PND

"Pumpa och tömma."

ROI

"Avkastning på investeringen."

DLT

Akronym som betyder "Distributed Ledger Technology". En distribuerad huvudbok är en huvudbok som lagras på många olika platser så att transaktioner kan valideras av flera parter. Blockkedjenätverk använder distribuerade huvudböcker.

SATS

SATS är en förkortning för Satoshi Nakamoto, som är den pseudonym som används av skaparen av Bitcoin. En SATS är den minsta tillåtna enheten av bitcoin, som är 0,00000001 BTC. Den minsta enheten av bitcoin kallas också helt enkelt för en Satoshi.

Vilken Bitcoin-slang bör jag känna till?

Påse

En väska hänvisar till ens position. Till exempel, om du äger en ansenlig mängd i ett mynt, äger du en påse av dem.

Väska Hållare

En påshållare är en handlare som har en position i ett värdelöst mynt. Väskhållare håller ofta hoppet uppe på sin värdelösa position

Delfin

Kryptoinnehavare klassificeras genom flera olika djur. De med extremt stora innehav, som i 10-tals miljoner, kallas valar, medan de med måttligt stora innehav kallas delfiner.

Flippening / Flappening

"Flippening" används för att beskriva det hypotetiska ögonblicket när, om alls, Etherium (ETH) passerade Bitcoin (BTC) i marknadsvärde. "Flappening" var det ögonblick då Litecoin (LTC) passerade Bitcoin Cash (BCH) i börsvärde. Flappening skedde 2018, medan flippening ännu inte har inträffat, och baserat enbart på marknadsvärde är det osannolikt att det någonsin kommer att hända.

Månen / Till månen

Termer som "till månen" och "det går till månen" hänvisar helt enkelt till att kryptovaluta går upp i värde, vanligtvis med ett extremt belopp.

Vaporware

Vaporware är ett mynt eller en token som har hypats, men som har lite egenvärde och sannolikt kommer att minska i värde.

Vladimir Club

En term som beskriver någon som har förvärvat 1 % av 1 % (0,01 %) av det maximala utbudet av en kryptovaluta.

Svaga händer

Handlare som du har "svaga händer" saknar självförtroende att hålla sina tillgångar i. inför volatilitet och handlar ofta på känslor, i motsats till att hålla sig till sin handelsplan.

REKT

Fonetisk stavning av "förstörd".

HODL HODL

"Håll i dig för glatta livet."

GÖR DET SJÄLV

"Gör din egen forskning."

FOMO (FOMO)

"Rädsla för att missa något."

FUD

"Rädsla, osäkerhet och tvivel."

JOMO

"Glädje över att missa något."

ELI5

"Förklara det som att jag är 5 år."

Kan du använda hävstång och marginal för att handla Bitcoin?

För att ge sammanhang för dem som inte är bekanta med hävstångshandel kan handlare "utnyttja" handelskraft genom att handla med lånade medel från en tredje part. Säg till exempel att du har $1 000 och du använder 5x hävstång; Du handlar nu med medel till ett värde av 5 000 dollar, varav 4 000 dollar har du lånat. Med samma funktion är 10x hävstång $10 000 och 100x är $100 000. Hävstång gör att du kan förstärka vinsten genom att använda pengar som inte är dina och behålla en del av den extra vinsten. Marginalhandel är nästan utbytbar med hävstångshandel (eftersom marginal skapar hävstång) och den enda skillnaden är att marginalen uttrycks som en procentuell insättning som krävs, medan hävstång är ett förhållande (vilket innebär att du kan marginalhandla med 3x hävstång). Hävstångs- och marginalhandel är mycket riskabelt; Generellt sett, om du inte har en erfaren handlare och du har viss finansiell stabilitet, rekommenderas inte hävstångshandel. Som sagt, många börser erbjuder hävstångshandelstjänster för Bitcoin och andra kryptovalutor. Följande listar de bästa tjänsterna som erbjuder handel med kryptohävstång:

- Binance (populärt, bäst totalt)
- Bybit (bästa diagrammen)
- BitMEX (lättast att använda)
- Deribit (bäst för Bitcoin-handel med hävstång)
- Kraken (populärt, användarvänligt)
- Poloniex (hög likviditet)

Vad är en Bitcoin-bubbla?

En bubbla i Bitcoin och alla investeringar hänvisar till en tid under vilken allt går upp i en ohållbar takt. Ofta kommer bubblor att spricka och utlösa en stor krasch. Av denna anledning är det både bra och (mer) dåligt att befinna sig i en bubbla, oavsett om man hänvisar till marknaden som helhet eller ett specifikt mynt eller token.

Vad innebär det att vara "hausseartad" eller "baisseartad" på Bitcoin?

Att vara en björn innebär att du tror att priset på ett mynt, token eller värdet på marknaden som helhet kommer att sjunka. Om du tänker så här anses du också vara "baisseartad" på den givna säkerheten. Motsatsen är att vara hausseartad: en person som tror att ett värdepapper kommer att stiga i värde är hausse på det värdepapperet. Dessa ord populariserades i aktiemarknadsterminologin, och ursprunget tros vara knutet till djurens egenskaper: en tjur kommer att stöta sina horn uppåt medan den attackerar en motståndare, medan en björn kommer att stå upp och svepa nedåt.

Är Bitcoin cykliskt?

Ja, Bitcoin är historiskt cykliskt och tenderar att fungera på fleråriga cykler (specifikt 4-årscykler) som historiskt sett har brutit in i följande: genombrottstoppar, en korrigering, ackumulering och slutligen återhämtning och fortsättning. Detta kan förenklas till en stor upp, stor ner, lite upp eller i sidled och en stor upp. Genombrottstoppar följer vanligtvis (normalt ett år eller så efter) Bitcoins halveringshändelser, som inträffar vart fjärde år (varav den senaste inträffade 2020). Detta är inte på något sätt en exakt vetenskap, men det ger lite perspektiv på Bitcoins potential och prisutveckling på medellång sikt. Dessutom inträffar vanligtvis stora hopp av Altcoins (särskilt medelstora och små altcoins) medan Bitcoin varken gör en större rörelse uppåt eller en större nedåtgående rörelse, och ofta efter en stor uppåtgående rörelse. Vid en sådan tidpunkt tar investerare Bitcoin-vinster (medan priset konsolideras) och lägger dem i mindre mynt. Så allt detta är i allmänhet något att tänka på, särskilt om du funderar på att köpa eller sälja Bitcoin.

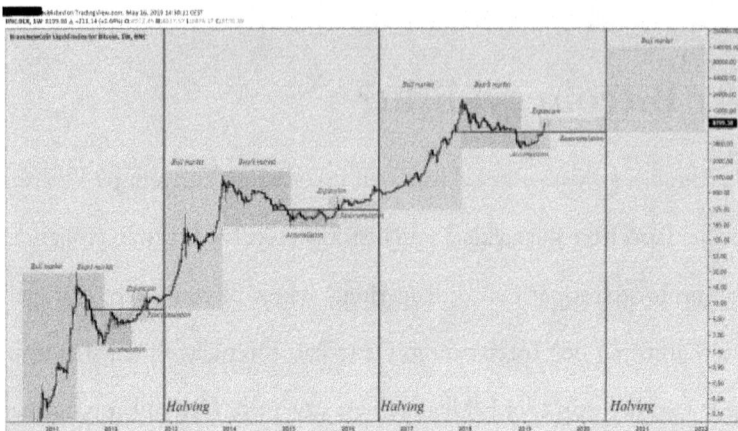

1920

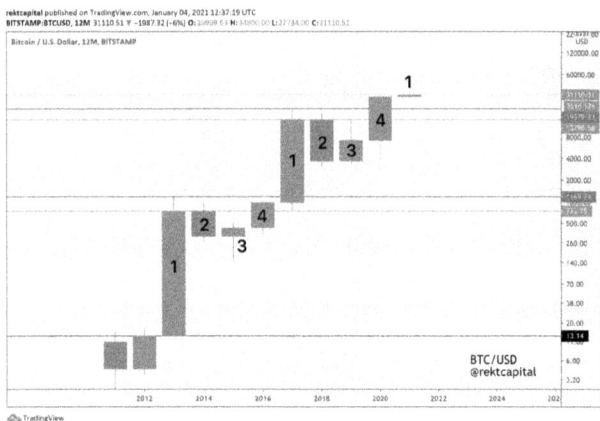

21

19

20 "Detaljerad uppdelning av Bitcoins fyraårscykler | Forex Academy." 10 februari 2021, https://www.forex.academy/detailed-breakdown-of-bitcoins-four-years-cycles/. Åtkomst 4 september 2021.

21 "En detaljerad uppdelning av Bitcoins fyraårscykler | Hacker middag." 29 okt. 2020, https://hackernoon.com/a-detailed-breakdown-of-bitcoins-four-year-cycles-icp3z0q. Åtkomst 4 september 2021.

Vad är Bitcoins nytta?

Användbarheten inom ett mynt eller en token är en av de viktigaste aspekterna av due diligence eftersom förståelsen av den nuvarande och långsiktiga nyttan och värdet bakom ett mynt eller en token möjliggör en mycket tydligare analys av potentialen. Nytta definieras som användbar och funktionell; Kryptomynt eller tokens med nytta har verkliga, praktiska användningsområden: de finns inte bara utan tjänar snarare till att lösa ett problem eller erbjuda en tjänst. Mynt med de mest funktionella nuvarande användningsområdena och användningsfallen kommer sannolikt att lyckas i motsats till de som inte har fortsatt syfte, användning och innovation. Här är några fallstudier, inklusive Bitcoin:

- ❖ Bitcoin (BTC) fungerar som ett pålitligt och långsiktigt värdeförråd, besläktat med "digitalt guld".
- ❖ Ethereum (ETH) gör det möjligt att skapa dApps och smarta kontrakt ovanpå Ethereum-blockkedjan.
- ❖ Storj (STORJ) kan användas för att lagra data i molnet på ett decentraliserat sätt, liknande Google Drive och Dropbox.
- ❖ Basic Attention Token (BAT) används i Brave-webbläsaren för att tjäna belöningar och skicka tips till kreatörer.

❖ Golem (GNT) är en global superdator som erbjuder hyrbara datorresurser i utbyte mot GNT-tokens.

Är det bättre att hålla Bitcoin eller handla med det?

Historiskt sett är det mer lönsamt och lättare att helt enkelt inneha Bitcoin. Den tid, ansträngning och timing som krävs för att handla framgångsrikt (eller för att göra en större vinst än de som innehar) är en enormt svår blandning att sätta ihop; De som gör det är vanligtvis heltidshandlare eller har tillgång till verktyg som andra inte har. Om du inte är villig att anamma denna nivå av engagemang eller om du verkligen tycker om processen, är det mycket bättre att hålla och köpa Bitcoin på lång sikt.

Är det riskabelt att investera i Bitcoin?

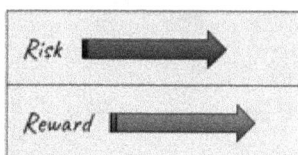

Bilden ovan är baserad på principen om avvägning mellan risk och avkastning. När man ser att alla andra tjänar pengar (vilket till stor del och farligt möjliggörs av sociala medier, eftersom alla lägger upp vinsterna och inte förlusterna), vilket för närvarande händer på kryptomarknaden, är vi benägna att undermedvetet (eller medvetet) anta en brist på betydande risk. Men generellt sett (särskilt när det gäller investeringar), ju mer belöning det finns, desto större risk finns det. Att investera i kryptovalutor är inte riskfritt och inte heller låg risk; Det är extremt riskabelt, men eftersom det är ett tveeggat svärd erbjuder det också extrem belöning.

Vad är Bitcoins vitbok?

En vitbok är en informationsrapport som utfärdas av en organisation om en viss produkt, tjänst eller allmän idé. White papers förklarar (verkligen, säljer) konceptet och ger en idé och tidtabell för framtida evenemang. I allmänhet hjälper detta läsarna att förstå ett problem, ta reda på hur skaparna av uppsatsen syftar till att lösa det problemet och bilda sig en uppfattning om det projektet. Tre typer av vitböcker är vanliga i affärsvärlden: för det första "bakgrundsinformationen", som förklarar bakgrunden bakom en produkt, tjänst eller idé och ger teknisk, utbildningsfokuserad information som säljer läsaren. En annan typ av vitbok är en "numrerad lista" som visar innehållet i ett lättsmält, sifferorienterat format. Till exempel "10 användningsfall för mynt CM" eller "10 anledningar till att token HL kommer att dominera marknaden." En sista typ är ett vitblad om problem/lösning, som definierar det problem som produkten, tjänsten eller idén syftar till att lösa och förklarar den skapade lösningen.

Vitböcker används inom kryptoområdet för att förklara nya koncept och teknikaliteter, visioner och planer kring ett visst projekt. Alla professionella kryptoprojekt kommer att ha en vitbok, som vanligtvis finns på deras webbplats. Att läsa vitboken ger dig en bättre förståelse för ett projekt än praktiskt taget någon annan enskild källa till tillgänglig information. Bitcoins vitbok publicerades 2008 och beskrev principerna för ett transparent och okontrollerbart kryptografiskt säkert, distribuerat och P2P-elektroniskt betalningssystem. Du kan läsa den ursprungliga Bitcoin-vitboken själv på följande länk:

bitcoin.org/bitcoin.pdf

Nedan finns några webbplatser som ger mer information om, eller tillgång till, vitböcker om kryptovaluta.

Alla vitböcker om krypto

https://www.allcryptowhitepapers.com/

CryptoRating (på engelska)

https://cryptorating.eu/whitepapers/

CoinDesk (på engelska)

https://www.coindesk.com/tag/white-papers

Vad är Bitcoin-nycklar?

En nyckel är en slumpmässig teckensträng som används av algoritmer för att kryptera data. Bitcoin och de flesta kryptovalutor använder två nycklar: en offentlig nyckel och en privat nyckel. Båda tangenterna är strängar av bokstäver och siffror. När en användare initierar sin första transaktion skapas ett par av en offentlig nyckel och en privat nyckel. Den offentliga nyckeln används för att ta emot kryptovalutor, medan den privata nyckeln gör det möjligt för användaren att utföra transaktioner från sitt konto. Båda nycklarna förvaras i en plånbok.

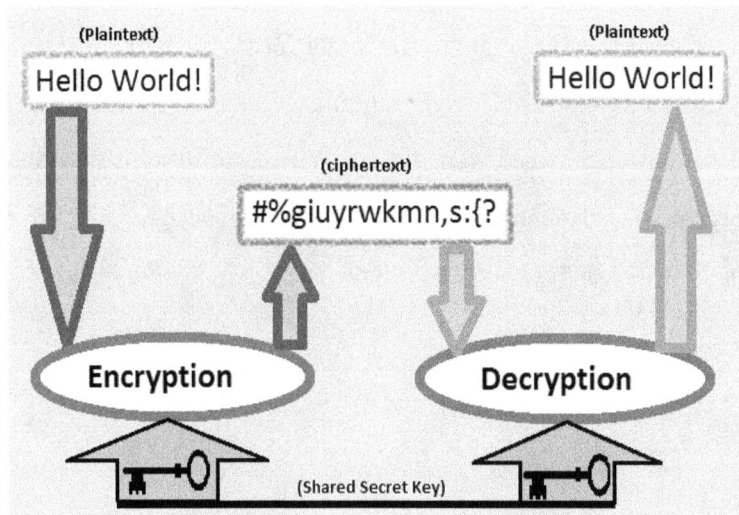

---

[22] Dev-NJITWILL / PDM / File:Crypto.png

Är Bitcoin knappt?

Ja. Bitcoin är en deflationär tillgång med ett fast utbud. Kryptovalutor med fast utbud har en algoritmisk utbudsgräns. Bitcoin är, som nämnts, en tillgång med fast tillgång, eftersom inga fler mynt kan skapas när 21 miljoner har satts i omlopp. För närvarande har nästan 90 % av bitcoin utvunnits och cirka 0,5 % av det totala utbudet tas ur omlopp per år (på grund av att mynt skickas till otillgängliga konton. Enligt halveringen (som behandlas senare) kommer Bitcoin att nå sitt maximala utbud runt år 2140. Många andra kryptovalutor (som kommer från webbplatsen cryptoli.st, kolla in dem själv om du är intresserad av andra kryptolistor) som Binance Coin (BNB), Cardano (ADA), Litecoin (LTC) och ChainLink (LINK), bygger också på ett deflationssystem med fast utbud. Ytterligare information om begreppet deflationssystem och varför detta gör Bitcoin sällsynt beskrivs i frågan "vad betyder att Bitcoin är deflationär?" nedan.

Vad är Bitcoin-valar?

Valar, i kryptovaluta, hänvisar till individer eller enheter som innehar tillräckligt av ett visst mynt eller token för att betraktas som stora aktörer med potential att påverka prisutvecklingen. Cirka 1000 enskilda Bitcoin-valar äger 40% av alla Bitcoins, och 13% av alla Bitcoin finns på drygt 100 konton.[23] Bitcoin-valar kan manipulera priset på Bitcoin genom olika strategier, och har verkligen gjort det de senaste åren. En intressant relaterad artikel (publicerad av Medium) är "Bitcoin Whales and Crypto Market Manipulation."

[23] "Bitcoins konstiga värld 22 januari 2021
https://www.telegraph.co.uk/technology/2021/01/22/weird-world-bitcoin-whales-2500-people-control-40pc-market/.

Vilka är Bitcoin Miners?

Bitcoin-miners är alla som lånar ut beräkningskraft till Bitcoin-nätverket. Detta sträcker sig från Nicehash PC-användare till kompletta gruvgårdar; Alla som tillför någon kraft till nätverket (och därmed ökar hashhastigheten) definieras som en gruvarbetare. Bitcoin-miners erbjuder beräkningskraft till Bitcoin-nätverket, som används för att verifiera transaktioner och lägga till block i blockkedjan, i utbyte mot belöningar i Bitcoin.

Vad innebär det att "bränna" Bitcoin?

Termen "bränd" hänvisar till förbränningsprocessen, som är en leveransmekanism som gör det möjligt att ta mynt ur cirkulation, vilket fungerar som ett deflationsverktyg och ökar värdet på varandra mynt i nätverket (konceptet är ungefär som ett företag som köper tillbaka aktier på aktiemarknaden). Bränning kan utföras på flera olika sätt: ett av dessa sätt är att skicka mynt till en otillgänglig plånbok, som kallas en "ätaradress". I det här fallet, även om tokens tekniskt sett inte har tagits bort från det totala utbudet, har det cirkulerande utbudet effektivt minskat. För närvarande har cirka 3,7 miljoner Bitcoins (200+ miljarder i värde) gått förlorade genom denna process. Tokens kan också brännas genom att koda en bränningsfunktion i de protokoll som styr en token, men det mycket mer populära alternativet är genom de nämnda ätaradresserna. En kryptovalutaanalys vid namn Timothy Paterson har hävdat att 1 500 Bitcoins går förlorade varje dag, vilket vida överstiger den genomsnittliga dagliga ökningen (genom gruvdrift) på 900. I slutändan, till en viss punkt, ökar förlusten av mynt knappheten och värdet.

Vad betyder att Bitcoin är deflationärt?

Bitcoin är en tillgång med fast tillgång (vilket innebär att myntutbudet har en algoritmisk gräns) eftersom inga fler mynt kan skapas när 21 miljoner har satts i omlopp. För närvarande har nästan 90 % av Bitcoins utvunnits, och cirka 0,5 % av det totala utbudet går förlorat per år. Som ett resultat av halveringen kommer Bitcoin att nå sitt maximala utbud runt 2140. Den mest uppenbara fördelen med ett system med fast försörjning är att sådana system är deflationistiska. Deflationstillgångar är tillgångar där det totala utbudet minskar över tiden, och därför ökar varje enhet i värde. Säg till exempel att du är strandsatt på en öde ö med 10 andra personer, och varje person har 1 flaska vatten. Eftersom vissa människor förmodligen kommer att dricka sitt vatten kan det totala utbudet av 100 flaskor vatten bara minska. Detta gör vattnet till en deflationär tillgång. I takt med att det totala utbudet krymper blir varje vattenflaska värd allt mer. Säg att det nu bara finns 20 vattenflaskor kvar. Var och en av de 20 vattenflaskorna är värda lika mycket som 5 vattenflaskor en gång var värda när alla 100 cirkulerade. På detta sätt upplever långsiktiga innehavare av deflationistiska tillgångar en värdeökning på sina innehav eftersom det grundläggande värdet i förhållande till helheten (i exemplet med vattenflaskor är 1 flaska av 100 1 %, medan 1 av 20 är 5 %, vilket gör varje flaska värd 5 gånger mer) har ökat. Sammantaget kommer en deflationsmodell med fast utbud, ungefär som digitalt guld (särskilt när det gäller Bitcoin specifikt), att öka det grundläggande värdet på varje mynt eller token över tid och skapa värde genom knapphet.

Vad är Bitcoins volym?

Handelsvolym, känd bara som "volym", är antalet mynt eller tokens som handlas inom en viss tidsram. Volym kan visa den relativa hälsan hos ett visst mynt eller den totala marknaden. Till exempel, i skrivande stund, har Bitcoin (BTC) en 24-timmarsvolym på 46 miljarder dollar, medan Litecoin (LTC), inom samma tidsram, handlades för 7 miljarder dollar. Denna siffra i sig är dock något godtycklig; Ett standardiserat sätt att jämföra inom volym är förhållandet mellan börsvärde och volym. Till exempel, om vi fortsätter med de två mynten ovan, har Bitcoin ett börsvärde på 1,1 biljoner dollar och en volym på 46 miljarder dollar, vilket innebär att 1 dollar av varje 24 dollar i nätverket handlades under de senaste 24 timmarna. Litecoin har ett börsvärde på 16,7 miljarder dollar och en 24-timmarsvolym på 7 miljarder dollar, vilket innebär att 1 dollar av varje 2,3 dollar i nätverket har handlats under de senaste 24 timmarna. Genom en förståelse för volym kan annan information om ett mynt, såsom popularitet, volatilitet, användbarhet och så vidare, förstås bättre. Information om volymen av Bitcoin och andra kryptovalutor finns nedan:

CoinMarketCap - coinmarketcap.com

CoinGecko – coingecko.com

Hur bryts Bitcoin?

Bitcoin bryts genom tillämpning av noder (noder, för att sammanfatta, är datorer i nätverket). Noder löser komplexa hash-problem och ägare av noder belönas i proportion till mängden arbete (därav proof-of-work) som slutförts. På så sätt kan ägarna till noder (så kallade gruvarbetare) bryta Bitcoin.

Kan du få USD med Bitcoin?

Ja! I frågan direkt nedan får du lära dig mer om par. Fiatvalutor kan konverteras till och från Bitcoin genom ett fiat-till-krypto-par. Bitcoin-till-USD-paret är BTC/USD. Amerikanska dollar är motvalutan för Bitcoin och andra valutor, vilket innebär att USD är måttstocken som andra kryptovalutor jämförs med; det är därför du kan säga "Bitcoin nådde 50 000" medan Bitcoin egentligen bara kom till ett värde motsvarande 50 000 US-dollar.

Vad är ett Bitcoin-par?

Alla kryptovalutor fungerar i par. Ett par är en kombination av två kryptovalutor som gör det möjligt att byta ut sådana kryptor. Ett BTC/ETH-par (krypto-till-krypto) gör att Bitcoin kan bytas ut mot Ethereum och vice versa. Ett BTC/USD-par (krypto-till-fiat) gör det möjligt för Bitcoin att bytas mot den amerikanska dollarn och vice versa. Med tanke på den stora mängden mindre kryptovalutor är börsmarknaden fokuserad kring ett fåtal stora kryptovalutor som i sin tur byts ut mot något annat. Till exempel kanske det inte finns något Celo (CGLD) till Fetch.ai-par (FET), men ett CGLD/BTC- och ett BTC/FET-par gör att CGLD kan konverteras till FET. Enkelt uttryckt är par den webb som kopplar samman olika tillgångar. Par tillåter också arbitrage, vilket är handel på skillnaden i parpriser mellan olika börser och marknader.

Är Bitcoin bättre än Ethereum?

Den viktigaste skillnaden mellan Bitcoin och Etherem är värdeerbjudandet. Bitcoin skapades som ett värdeförråd, besläktat med ett digitalt guld, medan Ethereum fungerar som en plattform på vilken decentraliserade applikationer (dApps) och smarta kontrakt skapas (drivs av ETH-token och programmeringsspråket Solidity). Eftersom ETH behövs för att köra dApps på Ethereum-blockkedjan är värdet på ETH något knutet till användbarhet. I en mening; Bitcoin är en valuta, medan Ethereum är en teknik, och i detta avseende skapades Ethereum inte som en konkurrent till Bitcoin, utan snarare för att komplettera och bygga tillsammans med den. För detta är frågan om vilket som är bättre som att jämföra ett äpple med en tegelsten; Båda är bra på vad de gör och att välja den ena framför den andra är att välja värdeerbjudandet framför en annan (till exempel: vi behöver äpplet för mat, men tegelstenen för att skapa skydd), vars fråga inte har ett tydligt eller överenskommet svar.

Kan du köpa saker med Bitcoin?

Bitcoin representerar en delad känsla av värde; Värde kan handlas och bytas mot föremål av likvärdigt eller nästan likvärdigt värde, precis som vilken annan valuta som helst. Trots detta är det ganska svårt eller omöjligt att direkt köpa det mesta med Bitcoin (som sagt, alternativ finns och expanderar snabbt). Naturligtvis kan man alltid bara byta Bitcoin mot sin givna valuta och använda valutan för att köpa saker, men frågan kvarstår: varför kan du ännu inte använda Bitcoin för att köpa några varor som du annars skulle betala för med andra digitala betalningsmetoder? En sådan fråga är komplex, men har mest att göra med det faktum att det etablerade systemet med statligt stödda valutor har fungerat ett bra tag, medan kryptovalutor är nya och fungerar utanför statlig kontroll och inflytande. Nuvarande trender pekar på att kryptovalutor integreras i mycket stor utsträckning i online (och till viss del offline) återförsäljare, grossister och oberoende säljare (genom integration med betalningsprocessorer, som Stripe, PayPal, Square, etc). Redan nu accepterar Microsoft (i Xbox Store), Home Depot (via Flexa), Starbucks (via Bakkt), Whole Foods (via Spedn) och många andra företag Bitcoin; brytpunkterna är de stora online-återförsäljarna som accepterar Bitcoin (Amazon, Walmart, Target, etc) och den punkt där regeringar antingen omfamnar eller trycker tillbaka mot kryptovalutor som betalningsmetod.

Vad är Bitcoins historia?

År 1991 konceptualiserades för första gången en kryptografiskt säkrad kedja av block. Nästan ett decennium senare, år 2000, publicerade Stegan Knost sin teori om kryptografisäkrade kedjor, samt idéer för praktisk implementering och 8 år efter det släppte Satoshi Nakamoto en vitbok (en vitbok är en grundlig rapport och guide) som etablerade en modell för en blockkedja. År 2009 implementerade Nakamoto den första blockkedjan, som användes som den offentliga reskontran för transaktioner som gjordes med den kryptovaluta han utvecklade, kallad Bitcoin. Slutligen, 2014, började användningsfall för blockchain och blockchain-nätverk utvecklas utanför kryptovaluta, vilket öppnade upp möjligheterna med Bitcoin och blockchain för den bredare världen.

Hur köper man Bitcoin?

Bitcoin kan i första hand köpas via börser och därefter hållas på börsen eller i en plånbok. Populära börser för amerikanska och globala användare listas nedan:

OSS

Coinbase - coinbase.com (bäst för nya investerare)

PayPal - paypal.com (enkelt för de som redan använder PayPal)

Binance US - binance.us (bäst för altcoins, avancerade investerare)

Bisq - bisq.network (decentraliserad)

Global (ej tillgänglig/begränsad funktionalitet i USA)

Binance - binance.com (bäst totalt)

Huibo Global - huobi.com (de flesta erbjudanden)

7b - sevenb.io (lätt)

Crypto.com - crypto.com (lägsta avgifter)

När ett konto har skapats på en börs kan användare överföra fiatvaluta till kontot för att köpa önskade kryptovalutor.

Är Bitcoin en bra investering?

Historiskt sett är Bitcoin en av de bästa investeringarna under det senaste decenniet; den sammansatta avkastningen har varit cirka 200 % per år och 10 dollar som sattes in i Bitcoin 2010 skulle vara värda 7,6 miljoner dollar idag (en häpnadsväckande avkastning på 76 500 000 % på investeringen). Den snabba avkastning som genererats av Bitcoin tidigare kan dock inte upprätthålla sig själv på obestämd tid, och frågan om Bitcoin *kommer att vara* en bra investering är en helt annan. Generellt sett gör fakta för närvarande att Bitcoin är ett bra långsiktigt håll, särskilt om du tror på de accelererande trenderna med decentralisering och blockchain. Som sagt, ett antal svarta svan-händelser kan göra extrem skada på Bitcoin, och ett antal konkurrenter kan ta över Bitcoins plats. Frågan om huruvida du ska investera bör backas upp av fakta, men baseras på dig: hur mycket risk du är villig att ta, hur mycket pengar du kan och är villig att riskera och så vidare. Så gör du efterforskningar, tänk så rationellt som möjligt och fatta handelsbeslut som du inte kommer att ångra.

Kommer Bitcoin att krascha?

Bitcoin är en mycket cyklisk tillgång och tenderar att krascha regelbundet. För långsiktiga Bitcoin-innehavare är flash-krascher och ihållande björnperioder överväldigande sannolika. Bitcoin har kraschat 80 % eller mer (en siffra som anses vara katastrofal på andra marknader) tre olika gånger sedan 2012; I alla händelser har den snabbt studsat tillbaka. Allt detta beror delvis på att Bitcoin fortfarande befinner sig i sin prisupptäcktsfas och växer snabbt när det gäller adoption, så volatiliteten löper amok. Sammanfattningsvis; Historiskt sett, även om Bitcoin utan tvekan kommer att krascha, kommer det också utan tvekan att återhämta sig.

Vad är Bitcoins PoW-system?

En PoW-algoritm används för att bekräfta transaktioner och skapa nya block på en given blockkedja. PoW, som betyder Proof of work, betyder bokstavligen att arbete (genom matematiska ekvationer) krävs för att skapa block. De som utför arbetet är gruvarbetare, och gruvarbetare belönas för sin beräkningsinsats genom eget kapital.

Vad är Bitcoin-halvering?

Halvering är en utbudsmekanism som styr den hastighet med vilken mynt läggs till i en kryptovaluta med fast utbud. Idén och processen populariserades av Bitcoin, som halveras vart 4:e år. Halveringen sätts i rörelse av en programmerad minskning av gruvbelöningar; Blockbelöningar är de belöningar som ges till gruvarbetarna (egentligen datorerna) som bearbetar och validerar transaktioner i ett visst blockkedjenätverk. Från 2016 till 2020 tjänade alla datorer (kallade noderna) i Bitcoin-nätverket tillsammans 12,5 Bitcoin var 10:e minut, och det var antalet Bitcoins som kom i omlopp. Men efter den 11 maj 2020 sjönk belöningarna till 6,25 Bitcoin per samma tidsram. På detta sätt, för varje 210 000 block som bryts, vilket motsvarar ungefär vart fjärde år, kommer blockbelöningarna att fortsätta att halveras tills maxgränsen på 21 miljoner mynt nås runt år 2040. Således kommer halvering sannolikt att öka värdet på Bitcoin och andra kryptovalutor genom att minska utbudet utan att förändra efterfrågan. Knapphet, som nämnts, driver värde, och begränsat utbud i kombination med växande efterfrågan skapar större och större knapphet. Av denna anledning har halveringen historiskt sett drivit upp priset på Bitcoin och kommer sannolikt att vara en långsiktig tillväxtkatalysator. Siffran krediteras medium.com.

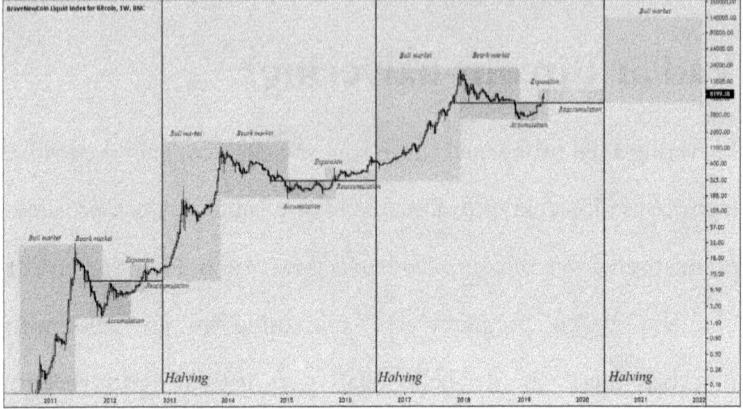

---

[24] https://medium.com/coinmonks/how-the-bitcoin-halving-impacts-bitcoins-price-ac7ba87706f1

Varför är Bitcoin flyktigt?

Bitcoin befinner sig fortfarande i sin "prisupptäcktsfas", vilket innebär att marknaden växer så snabbt att Bitcoins verkliga värde fortfarande är okänt. Därför är det upplevda värdet som styr marknaden (vilket förstärks av att det inte finns någon organisation som kan hantera Bitcoins volatilitet) och det upplevda värdet påverkas mycket lätt av nyheter, rykten och så vidare. Så småningom kommer Bitcoin att bli mindre volatilt, men det kan säkert ta ett bra tag.

Ska jag investera i Bitcoin?

Frågan om du ska investera i Bitcoin är inte bara en fråga om Bitcoin, utan om dig. Bitcoin medför en inneboende risk, eftersom det är en spekulativ och volatil tillgång, och även om den potentiella uppsidan är enorm, måste det tveeggade svärdet av risk och belöning hållas i åtanke. Det bästa du kan göra är att lära dig så mycket som möjligt om Bitcoin, kryptovalutor och blockchain (såväl som trender inom sådana ämnen och verkliga utvecklingar), och koppla in den informationen i din risktolerans, ekonomiska situation och alla andra variabler som kan påverka ditt investeringsbeslut.

Hur investerar jag framgångsrikt i Bitcoin?

Dessa 5 regler hjälper dig att framgångsrikt investera i Bitcoin, eftersom pengar och handel är känslomässiga upplevelser:

- ❖ Ingenting varar för evigt
- ❖ Nej skulle ha, borde, kunde ha
- ❖ Var inte känslosam
- ❖ Diversifiera
- ❖ Priserna spelar ingen roll

Ingenting varar för evigt

När detta skrivs i början av 2021 befinner sig kryptomarknaden i en bubbla. Detta sägs som en kryptooptimist. Den otroliga avkastningen som människor gör och de otroliga uppåtgående trenderna för praktiskt taget alla mynt är helt enkelt ohållbara; Om detta fortsätter för evigt kan vem som helst lägga pengar på vad som helst och göra en enorm vinst. Det betyder inte att marknaden är på väg mot noll eller att de koncept som driver tillväxt kommer att misslyckas; Jag hävdar helt enkelt att den enorma tillväxten någon gång kommer att avta. Detta kan ske långsamt och gradvis, eller snabbt, som vid en snabb krasch. Historiskt sett har Bitcoin fungerat genom cykler som involverar massiva tjurrusningar, varav den största inträffade i slutet av 2017, mars till juli 2019, och igen från november 2020 till skrivande stund, april 2021. I de nämnda tjurrusningarna steg Bitcoin ungefär 15x (2017), 3x (2019) och nu, i den nuvarande tjurrusningen, 10x och räknas. I det tidigare fallet där Bitcoin gick upp mer än 15x, spenderades större delen av det följande året sedan med att krascha från 20k till 4k. Detta stöder idén om de nämnda Bitcoin-cyklerna, som först har en massiv uppåtgående trend och sedan kraschar till högre dalar. Detta betyder flera saker: för det första är det en bra satsning att hålla om Bitcoin kraschar. Två, om Bitcoin och kryptomarknaden går upp medan du läser detta, kommer den förmodligen att gå ner någon gång under de närmaste åren. Om det går ner medan du läser detta, kommer det sannolikt att gå upp på ett verkligt massivt sätt under de närmaste åren. Naturligtvis kan marknadens ekosystem förändras, men det är just detta som ska göras. Förutsatt att kryptovalutor når massantagande och blir en integrerad del av alla aspekter av pengar, affärer och allmänt liv, *måste det stabiliseras* någon gång. Den tidpunkten kan vara 2021, 2023 eller 2030. Den kommer sannolikt att krascha och stiga flera gånger innan den stabiliseras på en något mindre volatil marknad, åtminstone i förhållande till sitt tidigare jag.

Nej skulle ha, borde, kunde ha

Denna regel är hämtad från en populär och legendarisk aktiehandlare och värd för showen *Mad Money*, Jim Cramer. Detta koncept fungerar för alla investeringar, för att inte tala om för alla samhällsskikt, och knyter an till regel #31. Idén representeras genom "no would have", no should've och no could've. Det betyder att om du gör en dålig handel, ta några minuter att tänka på hur du kan lära dig av det och förbättra dig; Sedan, efter dessa få minuter, tänk inte på vad du *skulle* ha gjort, vad du *borde* ha gjort eller vad du *kunde* ha gjort. Detta gör att du kan lära dig och förbättra dig samtidigt som du behåller förståndet, för i slutet av dagen kunde du alltid ha gjort det bättre. Klanka inte ner på dig själv för förluster och låt inte vinster stiga dig åt huvudet.

Var inte känslosam

Känslor är motsatsen till teknisk handel. Teknisk handel baserar nuvarande och framtida åtgärder på historiska data och tyvärr bryr sig marknaden inte om hur du mår. Känslor, oftare än inte ("inte" helt enkelt på grund av den slumpmässiga förekomsten av att fatta ett bra beslut genom en dålig process) kommer bara att skada dig och ta bort från de handelsstrategier du har utvecklat. Vissa människor är naturligt bekväma med risken och den känslomässiga berg- och dalbanan av handel; Om du inte är det kan du överväga att lära dig om handelns psykologi (eftersom förståelse av känslor är en föregångare till acceptans, rationalitet och kontroll) och genom att helt enkelt ge dig själv tid. Fundamental analys och handel på medellång till lång sikt kräver fortfarande allt detta, men i mindre grad.

Diversifiera

Diversifiering motverkar risk. Och som vi vet är krypto riskabelt. Även om alla som investerar i kryptovalutor både antar och sannolikt letar efter en viss risknivå (på grund av principen om avvägning mellan risk och avkastning), har du (förmodligen) en viss risknivå som du inte är bekväm med. Diversifiering hjälper dig att hålla dig inom den maximala riskbelastningen. Även om jag inte kan tala om din unika situation, skulle jag rekommendera alla kryptoinvesterare att upprätthålla en något diversifierad portfölj, oavsett hur mycket du tror på ett projekt. Fondallokering bör (vanligtvis) delas mellan Bitcoin-, Etherium- eller ETH-alternativ (som Cardano, BNB, etc.) och olika altcoins, tillsammans med lite kontanter. Även om de exakta procentsatserna varierar beroende på individuell situation (35/25/30/10, 60/25/10/5, 20/20/40/20, etc.), skulle de flesta proffs vara överens om att detta är det mest hållbara sättet att investera, fånga vinster över hela marknaden och minska risken att förlora en stor andel av din portfölj på grund av ett eller några felaktiga beslut. Men med allt detta sagt lägger vissa investerare bara pengar i en eller två topp-50-kryptor och lägger majoriteten av sina pengar i small-cap altcoins. I slutet av dagen ska du upprätta en strategi som passar din situation, dina resurser och din personlighet och sedan diversifiera dig inom ramen för den strategin.

Priset spelar ingen roll

Priset är i stort sett irrelevant eftersom både utbud och startpris kan fastställas. Bara för att Binance Coin (BNB) ligger på $500 och Ripple (XRP) ligger på $1,80 betyder det inte att XRP är värt 277x BNB; Faktum är att de två mynten för närvarande ligger inom 10% av varandras börsvärde. När en kryptovaluta först skapas bestäms utbudet av teamet bakom tillgången; Laget kan välja att skapa 1 biljon mynt, eller 10 miljoner. Så när vi tittar tillbaka på XRP och BNB kan vi se att Ripple har ungefär 45 miljarder mynt i omlopp och Binance Coin har 150 miljoner. På så sätt spelar priset ingen roll. Ett mynt på 0,0003 dollar kan vara värt mer än ett mynt på 10 000 dollar när det gäller marknadsvärde, cirkulerande utbud, volym, användare, nytta osv. Priset spelar ännu mindre roll på grund av fraktionerade aktier, som låter investerare investera vilken summa pengar som helst i ett mynt eller en token oavsett pris. Många andra mätvärden är mycket viktigare och bör övervägas långt före priset. Som sagt, priser kan påverka prisåtgärder som ett resultat av psykologi. Till exempel: Bitcoin har ett starkt motstånd på 50 000 dollar och mycket av detta motstånd kan komma från det faktum att 50 000 dollar är en trevlig, rund siffra som många skulle lägga köporder och säljorder på. Genom situationer som denna och andra är psykologi en livskraftig del av prisåtgärder och därmed analys.

Har Bitcoin ett egenvärde?

Nej, Bitcoin har inget egenvärde. Ingenting med Bitcoin kräver att det har ett värde; Värdet genereras snarare av användaren. Men enligt en sådan definition har alla valutor i världen som inte backas upp av en guld- eller silvermyntfot inte heller något egenvärde (annat än materiell användning, som är obetydlig). Så på sätt och vis har alla pengar bara någon grad av värde eftersom vi håller med om att de har det, och alla argument mot eller för användningen av Bitcoin på grund av dess brist på inneboende värde måste också tillämpas på fiatvalutor.

Beskattas Bitcoin?

Som ordspråket säger, vi kan inte undvika skatter, och en sådan idé gäller verkligen för kryptovaluta trots branschens till synes anonyma och oreglerade natur. För att få den mest exakta informationen bör du besöka webbplatsen för din skatteindrivningsorganisation för att lära dig mer om skatt på digitala valutor i ditt land. Med det sagt sätter följande information fokus på USA:s fastställda regler:

- År 2014 förklarade IRS att virtuella valutor är egendom, inte valuta.

- Om kryptovalutor tas emot som betalning för varor eller tjänster ska det gängse värdet (i USD) beskattas som inkomst.

- Om du håller ett mynt eller en token i mer än ett år klassificeras det som långsiktig vinst, och om du köpte och sålde det inom ett år är det en kortsiktig vinst. Kortsiktiga vinster är föremål för högre skatter än långsiktiga vinster.

- Inkomster från utvinning av virtuella valutor betraktas som inkomst av egenföretagande (förutsatt att den aktuella personen inte är anställd) och är föremål för egenföretagarskatt enligt det verkliga motsvarande värdet av de digitala valutorna i USD. Upp till 3 000 USD i förluster kan redovisas.

• När digitala valutor säljs är vinster eller förluster föremål för kapitalvinstskatt (eftersom de digitala valutorna betraktas som egendom) precis som om en aktie såldes.

Handlar Bitcoin 24/7?

Bitcoin fungerar 24/7. Detta beror till stor del på det faktum att det är tänkt att användas över hela världen, som ett verkligt interkontinentalt verktyg, och med tanke på tidszoner skulle allt annat än 24/7-drift inte uppfylla det kriteriet. Det finns helt enkelt inget incitament att inte göra det.

Använder Bitcoin fossila bränslen?

Ja, Bitcoin använder fossila fält. Faktum är att många kraftverk som drivs med fossila bränslen har fått nytt liv genom att tillhandahålla den kraft som behövs för att bryta kryptovalutor. Bitcoin använder ungefär lika mycket ström som ett litet land enbart genom beräkningskrav, vilket motsvarar cirka 0,55 % av den globala elproduktionen. Uppenbarligen vill Bitcoin-användare och gruvarbetare inte använda fossila bränslen och en övergång till förnybara energikällor är ett viktigt mål, men detsamma kan sägas om att köra gasdrivna bilar och de många andra dagliga aktiviteter som förbrukar mer fossilt bränsle än Bitcoin. Problemet handlar egentligen om åsikter. de som ser Bitcoin som en banbrytande kraft i världen som hjälper människor i instabila finansiella ekosystem och möjliggör större säkerhet och integritet i transaktioner kommer inte att oroa sig för en global energianvändning på 0,55 % (särskilt med tanke på löftet om en långsiktig övergång till ren energi), medan de som ser Bitcoin som värdelöst eller en bluff sannolikt kommer att känna precis tvärtom. Det bör noteras att vissa kryptovalutaalternativ är mycket mindre koldioxidintensiva än Bitcoin (Cardano, ADA), koldioxidneutrala (Bitgreen, BITG) eller koldioxidnegativa (eGold, EGLD).

Kommer Bitcoin att nå 100k?

Bitcoin kommer sannolikt att nå 100 000 dollar per mynt. Det betyder inte att det kommer att hända snart, eller att det är säkert; bara att data om Bitcoins deflationistiska natur, historisk avkastning, adoptionstrender (om du är intresserad, undersök "S"-kurvan inom teknik) och fiatinflation gör en prisökning till 100 000 dollar som trolig. Den viktiga frågan är inte om den kommer att nå 100 000 dollar, utan när den kommer att nå 100 000 dollar. De flesta av dessa uppskattningar är i bästa fall kvalificerade spekulationer.

Kommer Bitcoin att nå 1 miljon?

Till skillnad från 100 000 dollar kräver Bitcoin en rejäl skala för att nå 1 miljon dollar. VD:n för eToro Iqbal Grandha har sagt att Bitcoin inte kommer att uppfylla sin potential förrän det är värt 1 miljon dollar per mynt, eftersom varje Satoshi (som är den minsta divisionen Bitcoin kan delas upp i) vid den tiden skulle vara värd 1 cent. Med tanke på stordriftsfördelar och potentialen för världsomspännande massantagande (i ett sådant fall skulle Bitcoin fungera som en universell reservvaluta) är det möjligt att priset kan nå 1 miljon dollar. En annan kryptovaluta kan dock lika gärna ta denna plats, liksom statligt stödda stablecoins eller digitala valutor. I kombination bör det noteras att fiatvalutor är inflationsdrivande och Bitcoin är deflationärt. Denna prisdynamik gör 1 miljon dollar mycket mer sannolikt på lång sikt. I slutändan är det dock ingen som kan gissa vad som ska hända, och en värdering på 1 miljon dollar per mynt är fortfarande spekulativ.

Kommer Bitcoin att fortsätta att öka så snabbt?

Nej. Det är bokstavligen omöjligt. Bitcoin har gett investerare nästan 200 %[25] per år under de senaste 10 åren, vilket motsvarar en avkastning på 5,2 miljoner procent under decenniet. Med tanke på Bitcoins marknadsvärde i skrivande stund skulle en ihållande sammansatt ökning på 200 % överskrida hela världens monetära utbud på 4 till 5 år. Så även om det är fullt möjligt att Bitcoin kommer att fortsätta att stiga, är den nuvarande tillväxttakten extremt ohållbar. På lång sikt måste tillväxten plana ut och volatiliteten kommer sannolikt att minska.

---

[25] 196,7 %, enligt CaseBitcoins beräkningar

Vad är Bitcoin-gafflar?

En gaffel är förekomsten av en ny blockkedja som skapas från en annan blockkedja. Bitcoin har haft 105 gafflar, varav den största är dagens Bitcoin Cash. Gafflar inträffar när en algoritm delas upp i två olika versioner. Det finns två typer av gafflar. En hard fork är en gaffel som uppstår när alla noder i nätverket uppgraderar till en nyare version av blockkedjan och lämnar den gamla versionen bakom sig; Två sökvägar skapas sedan: den nya versionen och den gamla versionen. En mjuk gaffel kontrasterar detta genom att göra det gamla nätverket ogiltigt; Detta resulterar i bara en blockkedja.

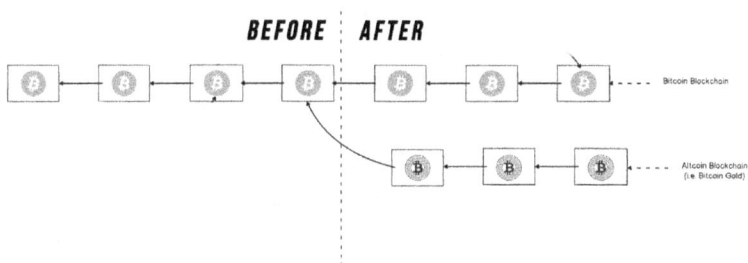

26

[26] Baserat på en bild av Egidio.casati, CC BY-SA 4.0
<https://creativecommons.org/licenses/by-sa/4.0>

Varför fluktuerar Bitcoin?

Precis som på aktiemarknaden stiger och faller priset beroende på efterfrågan och utbud. Efterfrågan och utbud påverkas i sin tur av kostnaden för att producera en bitcoin på blockkedjan, nyheter, konkurrenter, intern styrning och valar (stora innehavare). För information om varför Bitcoin är så volatil som den är, se de många andra frågorna i ämnet.

Hur fungerar Bitcoin-plånböcker?

En kryptoplånbok är det gränssnitt som används för att hantera kryptoinnehav. Coinbase wallet och Exodus är vanliga plånböcker. Ett konto är i sin tur ett par offentliga och privata nycklar från vilka du kan kontrollera dina pengar, som lagras på blockkedjan. Enkelt uttryckt är plånböcker konton som lagrar dina innehav åt dig, precis som en bank.

*Plånböcker innehåller inte mynt. Plånböcker innehåller par av privata och offentliga nycklar, som ger tillgång till innehav.

---

27 Matthäus Wander / CC BY-SA 3.0)

Fungerar Bitcoin i alla länder?

Bitcoin är ett decentraliserat nätverk av datorer; Alla adresser kan inte blockeras och är därför tillgängliga var som helst med webbanslutning. I länder där Bitcoin är olagligt (varav de största är Kina och Ryssland) är allt regeringen kan göra att slå ner på infrastrukturen (särskilt gruvfarmer) och användningen av Bitcoin. På platser som Ryssland är Bitcoin faktiskt inte reglerat, snarare är användningen av Bitcoin som betalning för varor och tjänster olaglig. De flesta andra länder följer denna modell, eftersom det återigen är omöjligt att blockera Bitcoin i sig. Faktum är att SEC:s Hester Peirce har sagt att "regeringar skulle vara dumma om de förbjöd Bitcoin". Med tanke på detta kan slutsatsen dras att Bitcoin fungerar i alla länder, även om det i ett fåtal utvalda är olagligt att äga eller använda myntet.

Hur många människor har Bitcoin?

Den bästa uppskattningen[28] placerar för närvarande antalet på cirka 100 miljoner globala innehavare, vilket står för ungefär 1 av 55 vuxna. Som sagt, det verkliga antalet är okänt, med tanke på kryptonätverkens anonyma natur. Man kan säga att användartillväxten är tvåsiffrig, Bitcoin har flera hundra tusen transaktioner per dag, 2+ miljarder människor har hört talas om Bitcoin och det finns totalt cirka en halv miljard Bitcoin-adresser.

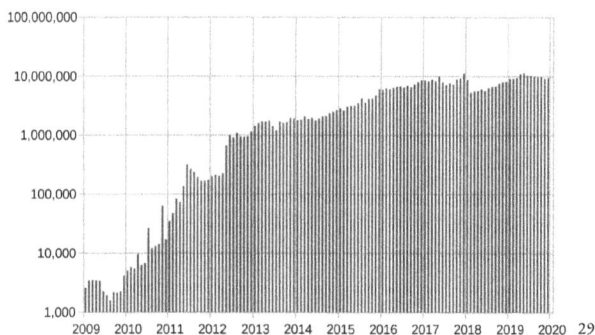

*Antal Bitcoin-transaktioner per månad, från och med 2020.

---

[28] buybitcoinworldwide.com

[29] Ladislav Mecir / CC BY-SA 4.0

Vem har mest Bitcoin?

Den mystiska grundaren av Bitcoin, Satoshi Nakamoto, äger mest Bitcoin. Han har 1,1 miljoner BTC i flera plånböcker, vilket ger honom ett nettovärde på tiotals miljarder. Om Bitcoins når 180 000 dollar skulle Satoshi Nakamoto bli den rikaste personen på jorden. Efter Satoshi Nakamoto är Winklevoss-tvillingarna och olika brottsbekämpande myndigheter de största innehavarna (FBI blev en av de största Bitcoin-innehavarna efter att ha beslagtagit tillgångarna i Silk Road, en internetmarknad som stängdes ner 2013).

Kan du handla Bitcoin med algoritmer?

För att svara på denna fråga kommer jag att inkludera ett utdrag från en annan av mina böcker om teknisk analys av kryptovalutor. Den täcker alla baser och upptar mer än några sidor, så om du letar efter ett kort svar säger jag att du kan, men det är svårt.

Algoritmisk handel är konsten att få en dator att tjäna pengar åt dig. Eller det är i alla fall målet. Algo-handlare, som slangen säger, försöker identifiera en uppsättning regler som, om de används som en grund att handla på, ger vinst. När dessa regler väljs och utlöses kommer koden att utföra en order. Till exempel: säg att du älskar att handla med exponentiella glidande medelövergångar (EMA). När du ser Bitcoins 12-dagars EMA passera 50-dagars EMA, investerar du 0,01 bitcoin. Sedan säljer du vanligtvis när du har gjort en vinst på 5 % eller, om det inte fungerar, minskar du dina förluster med 5 %. Det skulle vara mycket enkelt att omvandla denna föredragna handelsstrategi till algoritmiska handelsregler. Du skulle koda en algoritm som skulle spåra all data om Bitcoin, investera dina 0,01 bitcoin under din föredragna EMA-crossover och sedan sälja till antingen en vinst på 5 % eller en förlust på 5 %. Denna algoritm skulle köras åt dig medan du sover, medan du äter, bokstavligen 24/7 eller under en tid du ställer in. Eftersom den bara handlar exakt som du ställer in den på; Du är väldigt bekväm med risken. Även om algoritmen bara fungerar 51 av 100 affärer, gör du tekniskt sett en vinst och kan helt enkelt fortsätta för evigt utan att lägga ner något arbete. Eller så kan du konsultera mer data och förbättra din algoritm så att den fungerar 55/100 gånger eller 70/100. Tio år senare är du nu en multibiljonär som tjänar pengar varje sekund av varje dag medan du smuttar på tropisk juice på en solig strand.

Tyvärr är det inte så lätt, men det är konceptet med algoritmisk handel. Den riktigt trevliga hypotetiska aspekten av att handla med en maskin är att inkomsttaket är praktiskt taget obegränsat (eller åtminstone oerhört skalbart). Titta på följande uppställning. Detta är en visualisering av en algoritm som handlas 200 gånger per dag om vissa villkor är uppfyllda. Algoritmen kommer att lämna positionen antingen med en vinst på 5 % eller en förlust på 5 %, som i exemplet ovan. Låt oss anta att du ger algoritmen 10 000 dollar att arbeta med och 100 % av portföljen läggs i varje handel. Rött betyder en olönsam handel (en förlust på 5 %) och grönt betyder en bra handel, en vinst på 5 %.

Enligt diagrammet är denna algoritm korrekt bara 51 % av tiden. Vid denna minutmajoritet skulle en investering på 10 000 dollar bli 11 025 dollar på bara en dag, 186 791,86 dollar på 30 dagar, och efter ett helt års handel skulle resultatet bli 29 389 237 672 608 055 000 dollar. Det är 29 kvintiljoner dollar, vilket är ungefär 783 gånger så mycket som det totala värdet av varje enskild amerikansk dollar i omlopp. Uppenbarligen skulle det inte fungera. Men låt oss nu anta att algoritmen, med samma regler, gör en lönsam handel bara 50,1% av tiden, vilket innebär 1 extra lönsam handel av 1 000. Efter 1 år skulle denna algoritm förvandla $10 000 till $14 400. Efter 10 år, strax under 400 000 dollar, och efter 50 år, 835 437 561 881,32 dollar. Det är 835 miljarder dollar (kolla in det själv med Moneychimps kalkylator för sammansatt ränta)

Det här verkar ganska enkelt. Använd bara historiska data för att testa algoritmer tills du har hittat en som är minst 50.1% lönsam, få $10k och dina barn kommer att bli biljonärer. Tyvärr fungerar detta inte, och här är några av de utmaningar som algoritmiska handlare står inför:

Fel

Den mest uppenbara utmaningen är att skapa en felfri algoritm. Många tjänster idag gör processen mycket enklare och kräver inte lika mycket kodningserfarenhet, men vissa kräver fortfarande en viss nivå av kodningsförmåga och resten en viss grad av teknisk kunskap. Som du säkert kan föreställa dig kan varje felsteg i skapandet av en algoritm resultera i game over.* Det är därför du förmodligen inte bör koda det själv, om du inte faktiskt vet hur man kodar, i så fall bör du förmodligen fortfarande rådfråga en vän!

Oförutsägbara data

Precis som med teknisk analys som helhet är förväntningen att historiska mönster sannolikt kommer att upprepas den grund på vilken algoritmisk handel vilar. Black Swan-händelser* och oförutsägbara faktorer, såsom nyheter, global kris, kvartalsrapporter och så vidare, kan alla kasta om en algoritm och göra en tidigare strategi olönsam.

Brist på anpassningsförmåga

Utmaningen med oförutsägbara data är kopplad till en oförmåga att anpassa sig till omständigheterna med tanke på nya, kontextuella data.

På så sätt kan manuella uppdateringar krävas. Lösningen på detta problem är uppenbarligen AI som lär sig, förbättrar och testar, men detta är långt ifrån verkligheten och om det fungerade skulle det förmodligen inte vara så bra för marknaden, eftersom några inflytelserika aktörer helt enkelt skulle kunna tjäna pengar på det för eget bruk (med tanke på att det skulle vara en bokstavlig pengatryckmaskin) eller dela det med alla, I vilket fall självdestruktiviteten (nedan) gäller.

Glidning, volatilitet och blixtkrascher.

Eftersom algoritmer spelar efter fastställda regler kan de "luras" genom volatilitet och göras olönsamma genom glidning. Till exempel kan ett litet altcoin hoppa flera procent, antingen upp eller ner, på några sekunder. En algoritm kan se att priset når gränsförsäljningsordern och utlösa likvidation, trots att priset helt enkelt hoppar tillbaka upp till det tidigare priset eller högre.

Självförstörelse

I den hypotetiska förekomsten av en intelligent AI som sorterar igenom all tillgänglig data, identifierar de bästa möjliga handelsalgoritmerna, omsätter dem i praktiken och anpassar sig till omständigheterna, skulle flera sådana AI:er utrota sina egna handelsstrategier. Till exempel: säg att 1 miljon av dessa AI:er finns (verkligen, många fler människor än så här skulle använda det om det blev tillgängligt för köp). Alla AI:er skulle omedelbart upptäcka den bästa algoritmen och börja handla med den. Om detta hände skulle det resulterande inflödet av volym göra strategin värdelös. Samma scenario inträffar idag, fast utan AI. Riktigt bra handelsstrategier kommer sannolikt att upptäckas av flera personer, sedan användas och delas tills de inte längre är lönsamma eller lika lönsamma som de en gång var. På så sätt hindrar riktigt bra strategier och algoritmer deras egen utveckling.

Så det är de utmaningarna som hindrar algoritmisk handel från att vara en perfekt, 4-timmars arbetsvecka, tropisk semesterinducerande, pengatryckmaskin. Med det sagt kan algoritmer säkert fortfarande vara lönsamma. Många stora företag och företag baserar sin verksamhet enbart på lönsamma handelsalgoritmer. Så även om handelsbots inte bör ses som lätta pengar, bör de betraktas som en disciplin som kan behärskas om tillräckligt med tid och ansträngning tillhandahålls. Här är några höjdpunkter inom algoritmisk handel och hur du kan komma igång:

Backtesting

Eftersom algoritmer tar en viss input och reagerar därefter, kan algohandlare testa sina algoritmer mot historiska data. Till exempel, om vi går med de tidigare exemplen, om Trader X vill göra en algoritm som handlar på EMA-crossovers, kan Trader X testa algoritmen genom att köra den genom varje enskilt år som hela marknaden har funnits. Avkastningen skulle sedan plottas, och genom split-testning kan Trader X komma fram till en formel som historiskt har visat sig fungera utan att någonsin ha lagt pengar på bordet. På så sätt kan du testa dina egna algoritmer och leka med olika variabler för att se hur de påverkar den totala avkastningen. För att experimentera med att skapa och använda en handelsalgoritm, kolla in dessa webbplatser:

Riskkontroll

Backtesting är ett bra sätt att minska riskerna. Det bästa alternativet är genom disciplinerad och undersökt användning av stop loss och trailing stop-loss. Båda dessa verktyg beskrivs i avsnittet om riskhantering.

Enkelhet

Många människor har begrepp för algoritmhandel som kräver komplex, flerskiktad kod som involverar flera, om inte ett dussin eller fler, indikatorer, mönster eller oscillatorer. Även om okända faktorer inte kan redovisas, är de flesta framgångsrika algoritmer som används av både professionella och icke-professionella förvånansvärt okomplexa. De flesta involverar en indikator, eller kanske en kombination av två. Jag föreslår att du följer denna etablerade väg om du ger dig in i algoritmisk handel, men som sagt, om du upptäcker en extremt komplex och överlägsen algoritm kommer jag att vara den

första att registrera dig!

*Källa: Bok, Crypto Teknisk analys

Hur kommer Bitcoin att påverka framtiden?

Bitcoin var det första framgångsrika storskaliga användningsfallet av blockchain; Frågan om hur blockchain kommer att påverka framtiden är en mycket större fråga än enbart Bitcoins potentiella inverkan, som till stor del har behandlats tidigare. Här är områden där blockchain (och i förlängningen Bitcoin) kommer att ha eller har en stor effekt:

- Hantering av försörjningskedjan.
- Hantering av logistik.
- Säker datahantering.
- Gränsöverskridande betalningar och transaktionsmedel.
- Spårning av artistroyalty.
- Säker lagring och delning av medicinska data.
- NFT-marknadsplatser.
- Röstningsmekanismer och säkerhet.
- Kontrollerbart ägande av fastigheter.
- Marknadsplats för fastigheter.
- Fakturaavstämning och tvistlösning.
- Biljetter.
- Finansiella garantier.

- Haveriberedskap.

- Koppla samman leverantörer och distributörer.

- Spårning av ursprung.

- Fullmaktsröstning.

- Kryptovaluta.

- Bevis på försäkring/försäkringar.

- Hälso- och personuppgiftsregister.

- Tillgång till kapital.

- Decentraliserad finans

- Digital identifiering

- Process-/logistikeffektivitet

- Verifiering av data

- Skadereglering (försäkring).

- IP-skydd.

- Digitalisering av tillgångar och finansiella instrument.

- Minskning av statlig ekonomisk korruption.

- Onlinespel.

- Syndikerade lån.

- Och mer!

Är Bitcoin framtiden för pengar?

Frågan om huruvida Bitcoin i sig är "pengarnas framtid" är spekulation; den verkliga frågan är om tekniken bakom Bitcoin och de system som Bitcoin uppmuntrar är pengarnas framtid. Om så är fallet är det en mycket bra satsning att investera i kryptovaluta som helhet, såväl som Bitcoin (även om tillväxtpotentialen i % i Bitcoin är begränsad i förhållande till mindre mynt med tanke på den mängd pengar som redan finns i den).

Den viktigaste tekniken som driver Bitcoin är blockchain, och det övergripande systemet som Bitcoin uppmuntrar är decentralisering. Båda områdena exploderar i en mängd växande användningsområden och var och en har potential att påverka alla aspekter av livet, från betalningar till arbete till röstning. För att citera Capgemini Engineering, "det [blockchain] förbättrar säkerheten och tryggheten avsevärt inom finans-, hälso- och sjukvårds-, försörjningskedjan, mjukvara och statliga sektorer." Företag som använder blockchain-teknik inkluderar Amazon (genom AWS), BMW (inom logistik), Citigroup (inom finans), Facebook (genom skapandet av sin egen kryptovaluta), General Electric (leveranskedja), Google (med BigQuery), IBM, JPmorgan, Microsoft, Mastercard, Nasdaq, Nestlé, Samsung, Square, Tenent, T-Mobile, FN, Vanguard, Walmart med flera.[30] Den utökade kundkretsen och produkterna som drivs av eller är centrerade kring blockchain signalerar blockkedjans fortsättning till en kärnaspekt av internet- och offlinetjänster. Med allt detta i åtanke är Bitcoin inte begränsat till att ha en inverkan inom kryptovalutor, snarare kan och kommer det sannolikt att inleda en era av blockchain. När det gäller Bitcoin som framtiden för pengar och betalningar är den viktiga frågan hur regeringar svarar på hotet från Bitcoin och kryptovalutor. Vissa, som Kina, kan utveckla sina egna digitala valutor. Vissa, som El Salvador, kan göra Bitcoin till lagligt betalningsmedel. Andra kan ändå ignorera kryptovalutor eller förbjuda dem. Oavsett hur regeringar reagerar, innebär det faktum att de kommer att tvingas reagera att Bitcoin var flaggskeppet som på ett eller annat sätt helt kommer att förändra världens finansiella landskap genom framgångsrik tillämpning av digitala och blockchain-drivna tillgångar.

---

[30] Baserat på forskning av Forbes.

Hur många människor är Bitcoin-

miljardärer?

Det är svårt att veta hur många miljardärer som finns i kryptorymden eller till och med bara inom kryptonätverket eftersom innehaven ofta är uppdelade på flera konton. Exklusive börser finns det dock tjugo Bitcoin-adresser som innehar motsvarande 1 miljard dollar eller mer, och åttio Bitcoin-adresser som innehar motsvarande 500 miljoner dollar eller mer.[31] Denna siffra kan lätt fluktuera, eftersom många av plånböckerna värda 500 miljoner dollar till 1 miljard dollar kan stiga över 1 miljard dollar i linje med Bitcoin-fluktuationer, och som nämnts ingår inte innehavare som sålt Bitcoin eller delat upp sitt innehav med flera plånböcker. Som sagt, det är säkert att säga att minst två dussin konton, och minst 1 dussin personer, har tjänat mer än 1 miljard dollar genom att investera i Bitcoin. Dussintals fler har tjänat hundratals miljoner eller miljarder genom att investera i andra kryptovalutor.

---

[31] "Topp 100 rikaste Bitcoin-adresser och ...." https://bitinfocharts.com/top-100-richest-bitcoin-addresses.html.

Finns det hemliga Bitcoin-miljardärer?

Satoshi Nakamoto är det främsta exemplet på en hemlig och anonym Bitcoin-miljardär. I frågan ovan (hur många människor är Bitcoin-miljardärer?) kom vi fram till slutsatsen att minst 1 dussin personer har tjänat en miljard dollar genom att investera i Bitcoin. Med tanke på detta antal, och det faktum att antalet populära Bitcoin-miljardärer kan räknas på ena handens fingrar (enskilda personer, exklusive företag), är det troligt att ett fåtal Bitcoin-innehavare runt om i världen är Bitcoin-miljardärer som har hållit sig borta från rampljuset. Med den tanken i åtanke kan du någon gång ha gått igenom din dag och korsat vägar med en hemlig Bitcoin-miljardär.

Kommer Bitcoin att bli mainstream?

Detta är en intressant fråga. För närvarande använder cirka 1 % av världen Bitcoin, även om detta avviker hela vägen till 20 % på platser som Amerika och ner till 0 % i andra delar av världen. För att en kryptovaluta ska nå mainstream och massanvändning måste den tjäna någon form av nytta. Generellt sett har kryptovalutor användbarhet som värdebevarare; en metod för transaktioner, eller som ett ramverk för att bygga nätverk och decentraliserade organisationer. Bitcoin är den överlägset största och mest värdefulla kryptovalutan, men det är faktiskt inte den bästa kryptovalutan i någon av dessa kategorier. Så även om Bitcoin är Bitcoin (ungefär som hur du kan köpa en billigare klocka än en Rolex som passar bättre och ser snyggare ut, men du går fortfarande med Rolex) och varumärket Bitcoin har och kommer att ta det långt, är det osannolikt att det kommer att vara den permanenta ledaren bland kryptovalutor i världen. Med det sagt, med tanke på dess varumärkeskapital och skala, kan den säkert nå mass- och mainstream-användning, med tanke på nuvarande användningstrender och användningsfall inom kryptovalutaområdet.

Kommer Bitcoin att tas över av andra kryptovalutor?

Jag kommer att hänvisa till ovanstående fråga för att svara på detta. Bitcoin, även om det är massivt i skala och varumärke, är faktiskt inte bäst på någonting i kryptorymden. Det är inte det bästa värdeförvaret, det är inte det bästa för att skicka och ta emot pengar, och det är inte det bästa som ett ramverk och nätverk för kryptoanvändare att arbeta och bygga vidare på. Så på kort sikt, med tanke på Bitcoins rena varumärke och dess monstruösa marknadsvärde på 1 biljon dollar, är det osannolikt att det kommer att tas över. Men inom årtionden eller århundraden är det mer än troligt att den kommer att passeras av andra kryptovalutor när värdet som driver den sönderfaller.

Kan Bitcoin ändras från PoW?

Ja, Bitcoin kan säkert förändras från ett PoW-system (proof-of-work). Ethereum började med PoW och förväntas byta till PoS (proof-of-stake) i slutet av 2021. Bytet kommer att göra Ethereum mycket mindre energikrävande och mer skalbart. En övergång som denna är verkligen möjlig för Bitcoin och många anser att en övergång från PoW är oundviklig.

Var Bitcoin den första kryptovalutan någonsin?

Satoshi Nakamotos ökända vitbok om Bitcoin släpptes 2008 och Bitcoin själv släpptes 2009. Dessa händelser är kända som de första i sitt slag; Detta är bara delvis sant.

I slutet av 1980-talet försökte en grupp utvecklare i Nederländerna koppla pengar till kort för att förhindra skenande kontantstölder. Lastbilschaufförer använde dessa kort i stället för kontanter. Detta är kanske det första exemplet på elektroniska kontanter.

Ungefär samtidigt som det nederländska experimentet konceptualiserade den amerikanske kryptografen David Chaum en överförbar och privat tokenbaserad valuta. Han utvecklade sin "blindande formel" för att användas i kryptering och grundade företaget DigiCash, som gick i konkurs 1988.

På 1990-talet försökte flera företag lyckas där DigiCash inte hade gjort det; den mest populära var Elon Musks PayPal. PayPal introducerade enkla P2P-betalningar online och ådrog sig skapandet av ett företag som heter e-gold, som erbjöd online-kredit i utbyte mot värdefulla medaljer (e-guld stängdes senare av regeringen). Dessutom, 1991, beskrev forskarna Stuart Haber och W. Scoot Stornetta blockchain-teknik. Flera år senare, 1997, använde Hashcash-projektet en proof of work-algoritm för att generera och distribuera nya mynt, och många funktioner hamnade i Bitcoin-protokollet. Ett år senare introducerade utvecklaren Wei Dai (efter vilken den minsta valören av Ether, en Wei, är uppkallad) idén om ett "anonymt, distribuerat elektroniskt kontantsystem" kallat B-pengar. B-money var tänkt att tillhandahålla ett decentraliserat nätverk genom vilket användare kunde skicka och ta emot valuta; Tyvärr kom den aldrig igång. Kort efter vitboken om B-pengar lanserade Nick Szabo ett projekt kallat Bit Gold, som drevs på ett fullständigt PoW-system (proof-of-work). Bitguld är faktiskt relativt likt Bitcoin. Alla dessa projekt och dussintals fler ledde så småningom till Bitcoin; av denna anledning kan man inte säga att Bitcoin var den sanna först i många av de koncept och tekniker som driver den. Som sagt, Bitcoin är absolut och utan tvekan den första storskaliga framgången för all teknik som driver den; varje enskilt företag och projekt innan Bitcoin hade misslyckats, men Bitcoin steg över resten och inledde ett massivt globalt skifte mot den teknik och de koncept som den byggde på.

Kommer och kan Bitcoin någonsin bli mer än ett alternativ till guld?

Bitcoin är redan "mer" än ett alternativ till guld; Det driver och möjliggör ett globalt transaktionsnätverk med mycket mindre friktion än guld. Bitcoin är dock mycket mer jämförbart med guld i det faktum att båda betraktas som värdebevarare och ett transaktionsmedel. När det gäller detta kommer Bitcoin förmodligen aldrig att vara mer än ett alternativ till guld, eftersom alternativet inom kryptovaluta håller på att bli en teknik och plattform som Ethereum, som gör det möjligt för användare att utnyttja dess programmeringsspråk, kallat solidity, för att skapa dApps. Bitcoin är helt enkelt inte tänkt att göra något sådant, och även om det verkligen har mer användbarhet än guld, är det något av en typ som är stöpt i rollen som ett "digitalt guld".

Vad är Bitcoins latens och är den viktig?

Latency är fördröjningen mellan den tidpunkt då en transaktion skickas och den tidpunkt då nätverket känner igen transaktionen. I grund och botten är latens fördröjningen. Bitcoins latens är mycket hög genom design (i förhållande till de 5-10 sekunderna av TV-sändningar) för att producera ett nytt block var tionde minut. Att sänka latensen skulle i huvudsak kräva mindre arbete för att verifiera block, vilket strider mot PoW:s etos. Av denna anledning bör Bitcoins latens inte sänkas. Som sagt, handelslatens är ett problem för börser och handlare på börser (särskilt arbitragehandlare); I takt med att HFT (högfrekvenshandel) och algoritmisk handel flyttar in på kryptovalutamarknaden kommer latens att bli allt viktigare.

Median Confirmation Time
6.7 min

	18.8 min
	10.0 min
	5.3 min
	2.8 min
	1.5 min

2009-02-02   blockchain.com/charts   2021-09-03   [32]

---

[32] Källa: blockchain.com

Vad är några Bitcoin-konspirationsteorier?

Bitcoin (och särskilt Satoshi Nakamoto) är en mogen miljö för konspirationsteorier; Bara för skojs skull tar vi en titt på några. Tänk på följande helt fiktiva, som de flesta konspirationsteorier är, och ingen är trovärdig:

1. *Bitcoin kan ha skapats av NSA eller en annan amerikansk underrättelsetjänst.* Detta är förmodligen den vanligaste Bitcoin-konspirationen; den hävdar att Bitcoin skapades av den amerikanska regeringen och att den inte är så privat som vi tror. Istället har NSA tydligen bakdörrsåtkomst till SHA-256-algoritmen och använder sådan åtkomst för att spionera på användare.

2. *Bitcoin kan vara en AI.* Denna teori säger att Bitcoin är en AI som använder sitt ekonomiska motiv för att uppmuntra användare att växa sitt nätverk. Vissa tror att det var en statlig myndighet som skapade AI:n.

3. *Bitcoin kunde ha skapats av fyra stora asiatiska företag.* Denna teori är helt baserad på det faktum att "sa" i Samsung, "toshi" från Toshiba, "naka" från Nakamichi och "moto" från

Motorola, i kombination, bildar namnet på Bitcoins mystiska grundare, Satoshi Nakamoto. Ganska solida bevis för detta.

Varför följer de flesta andra mynt ofta Bitcoin?

Bitcoin är i huvudsak reservvalutan för kryptovalutor, eller liknande Dow och S&P för aktiemarknaden. Cirka 50 % av värdet på kryptovalutamarknaden ligger enbart hos Bitcoin, och Bitcoin är den mest använda och mest kända kryptovalutan i världen. Av dessa skäl är Bitcoin-handelspar det mest använda paret att köpa Altcoins med, vilket knyter värdet på alla andra kryptovalutor till Bitcoin. Att Bitcoin går ner resulterar i att mindre pengar läggs på Altcoins, medan Bitcoin går upp resulterar i att mer pengar läggs på Altcoins. Av dessa skäl följer de flesta (inte alla) mynt ofta (inte alltid) de allmänna hausseartade/baisseartade trenderna för Bitcoin.

Vad är Bitcoin Cash?

Som tidigare nämnts har Bitcoin ett skalproblem: nätverket är helt enkelt inte tillräckligt snabbt för att hantera de stora mängder transaktioner som finns i en global adoptionssituation. Mot bakgrund av detta initierade ett kollektiv av Bitcoin-gruvarbetare och utvecklare en hård gaffel av Bitcoin 2017. Den nya valutan, kallad Bitcoin Cash (BCH), ökade blockstorleken (till 32 MB 2018), vilket gjorde det möjligt för nätverket att behandla fler transaktioner än Bitcoin och snabbare. Även om BCH inte är inställd på att ersätta eller komma i närheten av att ersätta Bitcoin, är det ett alternativ som löste ett stort problem, och frågan om hur den ursprungliga Bitcoin kommer att gå tillväga för att lösa samma problem återstår att lösa.

33

Hur kommer Bitcoin att agera under en lågkonjunktur?

Bitcoin har en stor chans att prestera bra under en lågkonjunktur, även om detta inte är ett avgörande svar; Bitcoin uppstod ur bostadskrisen 2008 men har ännu inte upplevt någon ihållande och större ekonomisk nedgång sedan dess (COVID räknas inte). På många sätt fungerar Bitcoin som en digital motsvarighet till guld, och guld har historiskt sett presterat bra under lågkonjunkturer (särskilt från 2007 till 2012), och Bitcoins knapphet och decentraliserade karaktär kan göra det till en säker investering under en lågkonjunktur, en som inte skulle vara föremål för regeringars kontroll över fiatvalutor och världens inflationistiska monetära system. Det bör också noteras att Bitcoin historiskt sett har stigit under mindre kriser: Brexit, kongresskrisen 2013 och COVID. Så, som tidigare hävdats, kommer Bitcoin förmodligen att prestera bra under en lågkonjunktur (såvida inte en lågkonjunktur blir så dålig att människor helt enkelt inte har några pengar att investera, i vilket fall Bitcoin, liksom alla tillgångar, har liten chans att uppleva något annat än rött). Hur som helst, i händelse av en lågkonjunktur kommer de flesta andra kryptovalutor än Bitcoin (särskilt mindre altcoins) definitivt att uppleva massiva förluster; De flesta kommer praktiskt taget att utplånas från kartan.

Ett sådant scenario skulle vara en massiv filterhändelse för altcoins, vilket är mycket hälsosamt för den totala marknaden.

Kan Bitcoin överleva på lång sikt?

Vad som bör övervägas är i vilken utsträckning Bitcoin kommer att överleva på lång sikt; och i vilken grad adoption och användning kommer att öka. Oavsett vilket kommer Bitcoin att existera i viss skala under de närmaste decennierna; chanserna att det kommer att hålla i stor skala under de närmaste århundradena är osannolika med tanke på nyare konkurrens och Bitcoin-alternativ. Ändå kan det säkert förbli den bästa kryptovalutan så länge kryptovalutor finns (särskilt om uppgraderingar, som belysningsnätverket, implementeras); Den tidigare sannolikheten baseras enbart på det faktum att den första i sitt slag vanligtvis inte är den bästa i sitt slag, och de flesta valutor genom historien håller inte (i stor skala) under någon betydande del av tiden.

Vad är slutmålet med Bitcoin och krypto?

Slutvisionen för kryptovaluta åstadkommer följande:

1. För Bitcoin specifikt, för att göra det möjligt för användare att skicka pengar över internet på ett säkert sätt utan att förlita sig på en central institution, istället förlita sig på kryptografiska bevis.

2. Eliminera behovet av mellanhänder och minska friktionen i leveranskedjor, banker, fastigheter, juridik och andra områden.

3. Eliminera farorna med fiatvalutornas inflationsdrivande, vilda västern (när det gäller statlig kontroll sedan fiatvalutorna togs bort från guldstandarden).

4. Möjliggör helt säker kontroll över personliga tillgångar utan att förlita dig på tredjepartsinstitutioner.

5. Aktivera blockkedjelösningar inom medicinska, logistiska, röstnings- och finansområden, förutom var som helst där sådana lösningar kan gälla.

Är Bitcoin för dyrt att använda som kryptovaluta?

Absolutpriset är i stort sett irrelevant för kryptovalutor (liksom för aktier, som jag har skrivit om i andra böcker). Även om detta svar har behandlats någon annanstans i handelsreglerna, kommer jag att sammanfatta det relevanta avsnittet nedan:

Med tanke på att både utbud och initialt pris kan fastställas/ändras, är priset i sig i stort sett irrelevant utan sammanhang. Bara för att Binance Coin (BNB) ligger på $500 och Ripple (XRP) ligger på $1,80 betyder det inte att XRP är värt 277x värdet på BNB; De två mynten ligger för närvarande inom 10% av varandras börsvärde. När en kryptovaluta först skapas bestäms utbudet av teamet bakom tillgången. Laget kan välja att skapa 1 biljon mynt, eller 10 miljoner. När vi tittar tillbaka på XRP och BNB kan vi se att Ripple har ungefär 45 miljarder mynt i omlopp och Binance Coin har 150 miljoner. På så sätt spelar priset ingen roll. Ett mynt på 0,0003 dollar kan vara värt mer än ett mynt på 10 000 dollar när det gäller marknadsvärde, cirkulerande utbud, volym, användare, nytta osv. Priset spelar ännu mindre roll på grund av tillkomsten av fraktionerade aktier, som låter investerare investera vilken summa pengar som helst i ett mynt eller en token oavsett pris. Den enda stora inverkan av priset ligger i den psykologiska effekten, som bör undersökas när du handlar med Bitcoin och altcoins.

Hur populärt är Bitcoin?

Minst 1,3 % av världen äger för närvarande Bitcoin, vilket gör det ganska populärt med tanke på de halva miljarder Bitcoin-adresser som finns. Denna siffra inkluderar 46 miljoner amerikaner, vilket är 14 % av befolkningen och 21 % av de vuxna,[34] medan en annan studie visade att 5 % av européerna har Bitcoin.[35] Mer anmärkningsvärt är dock den exponentiella ökningstakten. Det fanns mindre än en miljon Bitcoin-

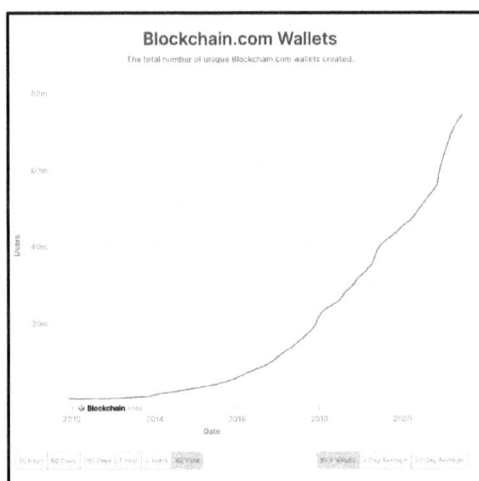

Blockchain.com Wallets
The total number of unique Blockchain.com wallets created.

plånböcker 2014, vilket motsvarar en ökning med 75 gånger sedan dess och en tillväxttakt på 10 gånger (1 000 %) per år.

---

[34] "USA:s demografiska statistik ...."
https://www.infoplease.com/us/census/demographic-statistics.
[35] "• Diagram: Hur många konsumenter äger kryptovaluta? | Statista." 20 aug. 2018, https://www.statista.com/chart/15137/how-many-consumers-own-cryptocurrency/.

[36]Sådana trender visar inga tecken på att avstanna, och tillväxten, om något, bara tar fart. Så, sammanfattningsvis, är Bitcoin särskilt populärt och kommer sannolikt att nå brytpunkten för massantagande under de närmaste decennierna.

---

[36] "Blockchain.com." https://www.blockchain.com/. Åtkomst 9 juni 2021.

Böcker

- Bemästra Bitcoin – Andreas M. Antonopoulos

- Pengarnas internet - Andreas M. Antonopoulos

- Bitcoin-standarden – Saifedean Ammous

- Kryptovalutans tidsålder – Paul Vigna

- Digitalt guld – Nathaniel Popper

- Bitcoin-miljardärer – Ben Mezrich

- Grunderna i Bitcoins och blockkedjor – Antony Lewis

- Blockchain-revolutionen – Don Tapscott

- Kryptotillgångar - Chris Burniske och Jack Tatar

- Kryptovalutans tidsålder - Paul Vigna och Michael J. Casey

Utbyte

- Binance - binance.com (binance.us för invånare i USA)
- Coinbase – coinbase.com
- Kraken – kraken.com
- Krypto – crypto.com
- Tvillingarna – gemini.com
- eToro – etoro.com

Poddsändningar

- Vad Bitcoin gjorde av Peter McCormack (Bitcoin)

- Untold Stories (tidiga berättelser)

- Unchained av Laura Shin (intervjuer)

- Underställ av David Nage (diskussioner)

- Sammanbrottet av Nathaniel Whittemore (kortfilm)

- Crypto Campfire Podcast (avslappnad)

- Ivan på Tech (uppdateringar)

- HASHR8 av Whit Gibbs (teknisk)

- Okvalificerade yttranden av Ryan Selkis (intervjuer)

Nyhetstjänster

- CoinDesk – coindesk.com

- CoinTelegraph – cointelegraph.com

- TodayOnChain – todayonchain.com

- NyheterBTC – newsbtc.com

- Bitcoin Magazine – bitcoinmagazine.com

- Krypto skiffer – cryptoslate.com

- Bitcoin.com – news.bitcoin.com

- Blockonomi – blockonomi

Kartläggningstjänster

- TradingView – tradingview.com

- CryptoView – cryptoview.com

- Altrady – Altrady.com

- Coinigy – Coinigry.com

- Mynthandlare - Cointrader.pro

- CryptoWatch – Cryptowat.ch

YouTube-kanaler

.. Benjamin Cowen

   Hatps://vv.youtube.com/channel/ukrvak-ux-w0soig

.. Kontor Hörna

   Hatps://vv.youtube.com/c/koinbureyu

.. Flugor

   https://www.youtube.com/c/Forflies

.. DataDash (på engelska)

   Hatps://vv.youtube.com/c/datadash

.. Sheldon Evans

Hatps://vv.youtube.com/c/sheldonevan

.. Anthony Pompliano

   Hatps://vv.youtube.com/channel/usevspell8knynav-
   nakz4m2w

¨ Aimstone (Aimstone)

https://www.youtube.com/channel/UC7S9sRXUBrtF0nKTv
LY3fwg/abou t

¨ Lark Davis

Hatps://vv.youtube.com/channel/ucl2okaw8hdar_kbkidd2kal
ia

¨ Altcoin Dagligen

https://www.youtube.com/channel/UCbLhGKVY-

bJPcawebgtNfbw

www.ingramcontent.com/pod-product-compliance
Lightning Source LLC
Chambersburg PA
CBHW071415210326
41597CB00020B/3517